山东省职业教育教学改革研究项目
2019—2021 年水利职业教育研究课题成果
"课程思政"视角下的数学课程建设项目

高职数学教学之思考

赵红革　著

U0298760

东北大学出版社
·沈　阳·

ⓒ 赵红革　2020

图书在版编目（CIP）数据

高职数学教学之思考 / 赵红革著. — 沈阳： 东北
大学出版社，2020.12
ISBN 978-7-5517-2588-0

Ⅰ. ①高…　Ⅱ. ①赵…　Ⅲ. ①高等数学－教学研究－
高等职业教育　Ⅳ. O13

中国版本图书馆 CIP 数据核字（2020）第 244964 号

出 版 者：东北大学出版社
　　　　　　地址：沈阳市和平区文化路三号巷 11 号
　　　　　　邮编：110819
　　　　　　电话：024－83683655（总编室）　83687331（营销部）
　　　　　　传真：024－83687332（总编室）　83680180（营销部）
　　　　　　网址：http://www.neupress.com
　　　　　　E-mail: neuph@ neupress.com
印 刷 者：沈阳市第二市政建设工程公司印刷厂
发 行 者：东北大学出版社
幅面尺寸：160 mm×230 mm
印　　张：13.75
字　　数：198 千字
出版时间：2020 年 12 月第 1 版
印刷时间：2020 年 12 月第 1 次印刷
责任编辑：刘宗玉
责任校对：一　川
封面设计：潘正一
责任出版：唐敏志

ISBN 978-7-5517-2588-0　　　　　　　　　定 价：45.00 元

作者简介

赵红革，1970 年 8 月生。1993 年毕业于曲阜师范大学，同年在山东水利职业学院任教至今，教授，教育硕士学位，主要从事高等数学和数学建模教学工作。

现为中国职业技术教育学会教学工作委员会高职数学教学研究会委员，兼任曲阜师范大学教育学科教学（数学）硕士生导师，山东省职业教育精品资源共享课程"应用数学"主持人、山东省优秀教师、山东高等学校优秀共产党员、山东省教学能手、山东省文化素质职业教育教学指导委员会教学名师，获山东高校十大师德标兵提名奖，多次被山东省水利厅荣记"三等功"，多次获得学校表彰奖励。

从教 27 年，一直在教学一线担任数学教学工作，潜心教学研究。在《数学通报》《职业技术教育》《机械职业教育》等刊物上发表多篇论文；主编全国高职高专精品规划教材《高等数学》《经济数学》

《数学学习指导》等 20 余部；主持完成了山东省职业教育教学改革研究项目、教育部高等学校高职高专文化教育类专业教学指导委员会课题等多项课题。当前主持在研水利职业教育研究课题"大数据时代高职院校水利专业大类数学课程建设研究"。

前言

  从 1993 年 9 月，大学毕业后正式走上讲台，至今已经 27 年了。我清楚地记得：27 年前讲第一堂课时的紧张，虽然备课很充分，但课堂上的我仍然少了一份经验带给的自信，不敢与学生有眼神的交流，不能与学生进行实际的互动，讲课的语速越来越快，一节课结束了，我讲课的内容远远超过自己的教学计划。

  "如何掌控课堂？""如何上好每一堂课？"带着这样的问题，我精心备课，潜心教学理论的学习与教学钻研。

  付出就会有收获。慢慢的，我明显地感觉到自己的课堂教学能力不断增强，对学生的理解与把握更加准确，也因此深得学生的喜爱，取得了非常好的教学效果。这样的教学时光，使我很难忘。我记得：很多次一上午上完四节课，虽然肚子很饿，但回家登上六楼的脚步依然很快，因为感觉四节课上得很成功，甚至有种演讲比赛获奖的兴奋，这种兴奋使我斗志昂扬，干什么都觉得有劲儿。

  不知道从何时起，这种成功的上课感觉少了、没了。上课时慢慢的心累了，身也疲惫了。是年龄大了？我想这是微不足道的原因，真正的原因是我越来越不会教了，面对曾经能掌控的课堂，现在常常感到不知所措。

  于是，"怎样上好课？怎样轻松愉快地完成每一次课堂教学？"成为近些年萦绕在我脑海里的困惑，这种困惑常常让我陷入深思。在对教学工作的深思过程中，精心设计而取得的精彩教学效果、深入思考后顿悟出的教学心得，一幕一幕出现在眼前。我有意无意地随手记录了这些教学效果和教学心得，时间长了，它们竟有十几万字之多，这使我萌发了编写成一部小册子呈现给同行的想法。但在我着手认真整理这些思考内容的时候，才发现将零散的材料有机地串联起来并紧扣如何教好高职数学的主题，并非易事，常常因为自己才疏学浅而导致写作停停顿顿。但一想到拙作或许能带给高职院校的数学老师们一点儿启发、些许点拨，就又勉励自己写下去。

感谢一直支持、帮助我的学校领导与老师们，感谢多年来指导我成长、与我一起进行课程建设的同事们，感谢和我一起潜心教学研究的山东省职业教育教学改革研究项目组的老师们，感谢 2019—2021 年水利职业教育研究课题组的团队成员们，是你们的支持、帮助，为这本书的出版增光润色。感谢和我一起进行课程思政建设的同事们，谢谢你们的努力付出，也谢谢你们丰富了这本书的内涵。除了表示诚挚的感谢，还要请求前辈与同人不吝指教我的疏漏及不妥之处，恳请通过电子邮件把您的意见、批评和建议告知于我，以便我们共同把高职数学教学研究工作推向深入。

作者谨识

2020 年 8 月于山东日照

zhaohongge2008@126.com

目录

第五章　数学课程思政

第六章　高职院校师生关系之思考

第七章　对高职院校数学教学的思考

参考文献

第 一 章

高职院校与高职生

中国的高职教育从 20 世纪 90 年代初起步，经过 20 多年的蓬勃发展，取得了令人瞩目的成果，我从 1993 年入职开始，在教学一线亲历了高职院校与高职生的变化。

一、高职院校

20世纪50年代，中国加速工业化进程，为了快速培养人才，国家重点加强了中等职业教育。中央和地方的一些国民经济主管部门创办了一批中等专业技术学校，培养技术干部和管理干部。劳动部门所属的企业建立技工学校，培养面向生产一线的技术工人。到了1965年，我国已有中等职业学校7294所，在校生126.65万人，占当时高中阶段学生总数的53.2%。

"文革"期间，一些职业教育学校被停办、撤并或改为普通中学。改革开放以后，职业教育恢复，但随着国家工作重心的转移，也出现了学校培养出来的不少人才又因不合实际需要的过剩情况。到1978年，我国中等职业学校在校生仅占高中阶段学生总数的7.6%，中等职业教育结构严重失衡。

1985年颁布的《中共中央关于教育体制改革的决定》，对职业教育体系有明确阐释，提出"逐步建立起一个从初级到高级、行业配套、结构合理又能与普通教育相互沟通的职业技术教育体系。"这次的发展职业教育布局影响很远。

不过，20世纪80年代至90年代，发展的重点仍是中等职业教育。除原有的中专和技校外，一支新力量——职业高中加入进来。当时，山东、北京、上海等地率先试点，将普高改为职高或在普高里办职高班。

20世纪90年代，随着劳动人事制度改革、企业教育职能剥离的推进，加之尚处于中低端生产的企业无力为技术工人提供优厚待遇，职业教育的吸引力出现下滑。与此同时，知识经济大潮席卷而来，高等教育快速发展，从另一头对传统职业教育构成冲击。职业教育重新改革：一方面，国家进一步重视，在1996年颁布了《中华人民共和国职业教育法》，以法的形式明确了职业教育的地位、体系构成以及政府和有关方面在发展职业教育中的责任。另一方面，寻求新的突破，将发展高等职业教育提上议事日程，并开始质量提升和内涵建设。

1999 年 6 月颁布的《中共中央国务院关于深化教育改革，全面推进素质教育的决定》中首次明确提出："要大力发展高等职业教育，培养一大批具有必要的理论知识和较强实践能力，生产、建设、管理、服务第一线和农村急需的专门人才。"此后短短十几年，我国高等职业教育学校的数量从几十所增加到 1400 余所。

面对我国产业转型升级的需求，2014 年中央再次召开全国职业教育工作会议，习近平总书记作出重要批示："职业教育是国民教育体系和人力资源开发的重要组成部分，是广大青年打开通往成功成才大门的重要途径，肩负着培养多样化人才、传承技术技能、促进就业创业的重要职责，必须高度重视、加快发展。"《国务院关于加快发展现代职业教育的决定》（国发〔2014〕9 号）中提出，建立产教深度融合、中职高职衔接、职业教育与普通教育相互沟通的现代职业教育体系。同时，建立高职生均拨款制度，与本科生享受同等待遇。

2018 年，习近平总书记亲自主持中央深改组会议，会议审议通过了《国家职业教育改革实施方案》。这份文件开宗明义地指出："职业教育与普通教育是两种不同教育类型，具有同等重要地位。"这代表着职业教育发展的新境界。纵向，在职业教育体系里，有中职、高职、本科直至专业硕士和博士；横向，有产教融合、学历证书与职业技能等级证书融通。职业教育不再是低人一等的一个层次，而是并列存在的一条上升通道。

从教 27 年，我的学生从中专生变成高职生，生源基础从初中到高中、职业高中、职业中专和技工学校，一直到今年扩招政策下的退役军人、下岗职工、农民工。学生的情况发生了巨大变化。

二、高职生

1.“小中专”

我国在 20 世纪 80—90 年代，高职教育还非常少，大部分职业教育属于中专学校。当年考上中专学校的学生通常有两种情况：一种是高中毕业，参加高考，然后大学、大专、中专分别划定录取分数线，通过高考途径考上的，这种称为“大中专”；另一种是初中毕业后考上的中专，称为“小中专”。这些“小中专”有普招生、委培生、自费生、定向生甚至特招生等，因此中专学生也呈现良莠不齐的现象。尤其是90 年代的中专生不再像 80 年代一样整体素质出类拔萃，但对比现在的高职生，当时的“小中专”依然非常优秀。

1979—1998 年，通过多种途径的探索，高等职业技术教育作为一种高等教育类型存在的时机逐步趋于成熟。尤其是《中华人民共和国职业教育法》颁布以后，高等职业教育在高等教育体系中的位置愈发突出。随着我国经济的发展和社会进步，高职院校如雨后春笋般迅速崛起，一部分国家重点中专也因此获得发展的契机，升格为高职院校，而且这些高职院校基本都经历了做大做优做强的过程。目前，高等职业教育已经占据高等教育的半壁江山，培养了越来越多的高职生。这些高职生的生源主要来自于这两类：一类是来自于普通高中，学生主要通过参加高考录取，批次大多在本科院校之后，称为普通高职班的学生；另一类是来自于职业高中、职业中专和技工学校的学生，俗称“三校生”。“三校生”的升学途径分为通过“3+2”和“五年一贯制”直升、通过职业技能竞赛获奖免试入学。近几年开始的单独招生，也成为高职生的生源渠道，而且单独招生的学生数量也越来越多。

2. 四类高职生

根据高职生的录取方式，可以把高职生分为四类：普通高职生、五年制高职生、对口高职生、单独招生的高职生。

首先是普通高职生，他们是高职院校中存在时间最长、最主要的一类，他们通过参加高考被录取，录取批次大多在本科院校之后。我们称他们为普通高职班的学生。普通高职生虽然基础整体偏低，差异也较大，但他们都来自高中，经历了高考，相对于其他三种类型，是文化基础最好的，也是最容易管理的一类。

其次是五年制高职生，简称五年制高职，又称五年一贯制高职或五年制大专，学生以初中为起点。随着职业教育的范围越来越广，五年制也成了高等职业教育中的一部分，五年制高职实行"2+3"分段模式，前两年进行基础教育，后三年进行职业教育。在基础教育阶段主要是数学、英语、语文、政治、体育等文化基础课程的学习。由于他们是初中起点，在年龄、知识水平、自控能力、是非观念、意志品质等方面较高中起点的普通高职生有很大不同。他们有着鲜明的特点：一是年龄小。五年制高职生多为初中毕业生，他们的年龄大都在14岁至16岁之间，与高中起点的普通高职生相比，平均小三四岁，从外表就能明显看出：五年制高职生稚嫩、活泼好动。二是文化课基础差。五年制高职生多为高中落榜生，中考成绩一般比较低，没有形成良好的学习习惯，甚至许多学生存在厌学情绪，是在家长逼迫下才走进校园的。因此，他们学习目的不明确，也缺乏学习兴趣。三是可塑性强。进入高职院校，许多五年制高职生还没有经历青春期，还有许多人生观、价值观还没形成，辨别是非的能力比较差，自理能力也比较差，但这些学生依然希望得到别人的认可，愿意参与社会实践，自我表现欲望很强，有很强的可塑性。

再次是对口高职生，他们来自中专、技校等学校，通过春季的技能考试升入高职院校。这些学生一般单独编班，他们的文化基础比普通高职生明显差一些。

最后是单独招生的高职生。这类高职生是近年来的一种新形式，他们主要来源于在校高三学生，但这些学生通常感到夏季高考考入本科院校无望，于是单独招生升入高职院校成为他们高考的一种捷径。单独招生在每年的 4 月份，由各招生的高职院校组织考试。这些学生文化基础也很差，尤其是近年来，各高职院校单独招生人数不断增多，其文化基础更差，使得高等数学的教学也变得越来越难。

2019 年的《政府工作报告》提出：改革完善高职院校考试招生办法，鼓励更多应届高中毕业生和退役军人、下岗职工、农民工等报考，并大规模扩招 100 万人。高职百万扩招是国家深入实施就业优先战略，加强和改善以就业为底线的宏观调控手段的重大决策，是一项重大惠民工程，是必须完成的一项重大政治任务。2019 年 5 月 8 日上午，教育部召开新闻发布会，介绍高职扩招专项工作情况。教育部职业教育与成人教育司司长王继平介绍《高职扩招专项工作实施方案》，教育部高校学生司司长王辉介绍高职扩招专项考试招生工作情况，教育部发展规划司副巡视员楼旭庆介绍 2019 年全国高职招生计划安排情况。《方案》明确，分省确定招生计划。要改革考试招生办法，取消高职招收中职毕业生比例限制，允许符合高考报名条件的往届中职毕业生参加高职院校单独考试招生。同时向中西部倾斜，发挥"支援中西部地区招生协作计划"作用，将 2019 年高职协作计划扩大至 20 万人。这既是对高职教育的重大挑战，也是高职教育改革发展的一次重大机遇，对教育结构调整、高等教育普及和职业教育改革发展都将产生重大影响。山东省于 2019 年 8 月份进行了第二次单独招生，高职生中又有了新生源：退役军人、下岗职工、农民工、在岗职工等。

第 二 章

高职院校数学教学内容

伴随着高职院校的课程改革，数学课程的学时不断减少，为此数学教学内容可以进行模块划分。既有微积分基础模块，也有针对不同专业的专业教学模块，还有注重高职生个性发展的选修与提高模块。不同的教学模块可以满足不同层次、不同要求的高职生的需求，有效地解决了数学课时的减少、高职生认知水平差异带来的问题。

一、教材及其内容

　　根据学生的生源、培养目标、学时的变化，教学内容也发生了很多变化。对于初中生源的"小中专"，数学开设两年共四学期。第一学年两个学期的教学内容主要是：集合、幂函数、指数函数与对数函数、三角函数、复数、排列组合、立体几何、直线与二次曲线、数列；第二学年两个学期的教学内容主要是：一元函数微积分、常微分方程、无穷级数、多元函数微积分、向量代数与空间解析几何、矩阵、概率与数理统计。使用的教材通常来自高等教育出版社，下面几张就是这类教材的封面照片。

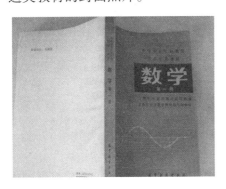

对于来自普通高中、职业高中、职业中专和技工学校的高职生来说，数学通常开设两个学期。主要教学内容是：一元函数微积分、常微分方程、无穷级数、多元函数微积分、向量代数与空间解析几何、矩阵、概率与数理统计。但随着近年来学生数学学习能力的降低与学时的减少，以上教学内容也不断减少，目前主要针对学生的专业需求，学习一元函数微积分基础模块与专业模块。在教学内容减少的同时，也增加了数学实验、数学建模、数学文化、工程数学的内容。而且根据教学内容，又分成必修课（高等数学）和选修课（数学建模、数学文化、工程数学）。下面给出的是这类高职生所用教材的目录：

目　录

二、数学实验

随着计算机的普及与数学软件的广泛应用，使学生可以更方便地借助数学软件解决数学问题。为此，在数学教学过程中，如果学校硬件条件允许，建议增加数学实验，让高职生掌握一、两个数学软件的使用。在实际教学过程中，每章内容之后增加相应的数学实验会具有较好的教学效果。

例如：在讲完函数、极限与连续的内容之后，可以让学生上机利用 Matlab、Mathematica 等软件作函数图像，学习了微积分后上机求函数的导数、积分等。这样，可以降低学生对数学计算的技巧训练要求，培养高职生善于使用数学软件作为解决数学问题强有力的工具。

三、数学建模

"宇宙之大，粒子之微，火箭之速，化工之巧，地球之变，生物之谜，日用之繁，无处不用数学。"华罗庚先生曾这样来赞美数学应用的广阔天地。

1. 数学模型的概念

数学模型是关于部分现实世界为某种目的的一个抽象的简化的数学结构。更确切地说：数学模型就是对于一个特定的对象为了一个特定目标，根据特有的内在规律，做出一些必要的简化假设，运用适当的数学工具，得到的一个数学结构。数学结构可以是数学公式、算法、表格、图示等。

2. 数学建模的概念

数学建模就是建立数学模型，是一种数学的思考方法，是运用数学的语言和方法，通过抽象、简化建立能近似刻画并"解决"实际问题的一种强有力的数学手段。

数学建模就是根据实际问题来建立数学模型，对数学模型进行求解，然后根据结果去解决实际问题。简单地说，数学建模就是用数学知识解决实际问题，体现了数学的应用价值。应用数学去解决各类实际问题时，建立数学模型是十分关键的一步，同时也是十分困难的一步。建立数学模型的过程，是把错综复杂的实际问题简化、抽象为合理的数学结构的过程。

数学建模是联系数学与实际问题的桥梁，是数学在各个领域广泛应用的媒介，体现了数学的科学技术转化，数学建模的过程就是数学知识应用的过程，就是创新与解决实际问题的过程。

3. 数学建模选修课

数学建模已经在大学教育中逐步开展起来，国内外越来越多的大学正在进行数学建模课程的教学和参加开放性的数学建模竞赛。近年来众多高职院校将数学建模教学和竞赛作为数学教学改革的一个重要方面，努力探索更有效的数学建模教学内容与教学方法。

高职院校数学建模的思想、方法除了在数学必修课课堂上进行少量的渗透，更系统的学习，通常是通过选修课的形式进行。基本内容主要包括数学建模的基本知识、常见的模型。因为选修课学时不多（一般在 20 学时左右），多数是启发性地讲一些基本的概念和方法，主要是靠学生凭借兴趣爱好，通过竞赛的形式，充分调动大家的积极性，充分发挥学生个人的潜能，实现学生的自主学习。

数学建模课程指导思想是：以实验室为基础、以学生为中心、以问题为主线、以培养能力为目标来组织教学工作。通过教学使学生了解利用数学理论和方法去分析和解决问题的全过程，提高他们分析问题和解决问题的能力；提高他们学习数学的兴趣和应用数学的意识与能力，使他们在以后的工作中能经常性地想到用数学去解决问题，提高他们尽量利用计算机软件及当代高新科技成果的意识，能将数学、计算机有机地结合起来去解决实际问题。

4. 全国大学生数学建模竞赛

1985 年在美国出现了一种叫作 MCM 的一年一度大学生数学建模竞赛（1987 年全称为 Mathematical Competition in Modeling，1988 年改全称为 Mathematical Contest in Modeling，其缩写均为 MCM）。这是由美国数学协会（MAA，即 Mathematical Association of America 的缩写）主持，于每年 12 月的第一个星期六进行，在国际上产生很大影响，现已成为国际性的大学生的一项著名赛事。1989 年中国第一次参加了这一竞赛。

全国大学生数学建模竞赛创办于 1992 年，是中国工业与应用数学学会主办的面向全国大学生的群众性科技活动，目的在于激励学生学习数学的积极性，提高学生建立数学模型和运用计算机技术解决实际问题的综合能力，鼓励广大学生踊跃参加课外科技活动，开拓知识面，培养创造精神及合作意识，推动大学数学教学体系、教学内容和方法的改革。该项赛事每年 9 月进行。数学建模竞赛与通常的数学竞赛不同，它来自实际问题或有明确的实际背景。它的宗旨是培养大学生用数学方法解决实际问题的意识和能力，整个赛事是完成一篇包括问题的阐述分析，模型的假设和建立，计算结果及建模论文的撰写。

通过训练和比赛，能够培养学生的创新意识和创造能力、快速获取信息和资料的能力、快速了解和掌握新知识的技能、团队合作意识和团队合作精神、撰写科技论文的能力。

5. 高职院校数学建模指导教师团队

数学建模教师团队的组建是学生参加全国大学生数学建模竞赛的强力后盾。数学建模教师团队应该建立"团结、协作、攻坚、创新、示范"的团队精神，各位团队教师要有刻苦的钻研精神、扎实的专业知识、先进的教育理念、高尚的师德修养、精湛的教学艺术和默默奉献的孺子牛精神，分方向钻研数学建模不同领域的内容，利用一切时间自学，利用一切机会参加数学建模骨干教师暑期培训，通过学习专家的报告以及与同行的交流，开阔自己的视野，提高建模指导能力。

为学生的数学建模营造良好的氛围、搭建良好的平台。首先，是广泛宣传数学建模的知识与意义，并在数学课堂上渗透数学建模的内容。其次是开设数学建模选修课，让更多的学生深入学习建模知识。再次是组织学校的数学建模竞赛，推动学生科技创新活动的开展，为参加全国大学生数学建模竞赛打下良好的基础。最后是组织学生参加全国大学生数学建模竞赛。

"春风化雨，润物无声"，"桃李不言，下自成蹊"。团队教师们的辛勤汗水一定会换来学生的丰硕成果。

让每位学生都真正地爱上数学、懂得数学，能够用数学的力量去解决问题。

6. 高职院校数学建模社团

学生社团是校园文化的重要载体，是第二课堂不可缺少的重要组成部分。学生社团以其组织的自发性、活动的自主性、内容的丰富性、形式的多样性等特点深受大学生的欢迎。高职院校建立数学建模社团可以为广大数学建模爱好者提供锻炼自我、发展个性的广阔舞台，是数学必修课和选修课以外课堂教学的有益补充与延伸。当前高等职业教育需要全面提高教学质量，我们对学生数学建模社团建设所做的工作，正是为了弥补课堂教学的不足，达到提高数学教学质量的目的。

数学建模充分展现了数学知识的实际应用，其挑战性深深吸引着一些高职生，数学建模社团为这些学生提供了交流、学习的平台。是否参加数学建模社团完全由学生根据自己的兴趣、爱好与需求而定，所以参加数学建模社团是学生的自主选择行为，因此，加入数学建模社团的同学往往是对数学建模感兴趣，想更多了解、学习建模知识，参加建模竞赛，他们具有明确的目的性。一旦他们进入数学建模社团，就要满足学生的实际需求，开展丰富多彩的学习交流活动。比如："如何学好数学软件"，"如何提高参赛水平"都可以作为学习经验交流会的主题。这一举措，不仅使社团成员获得更多的学习指导，而且增加了社团的凝聚力。同时，邀请建模教师参与，举办"数学与生活"、"历年全国赛建模方法分析"等讲座，也有利于激发学生学习数学建模知识的兴趣，帮助学生探求更广、更深的数学知识，掌握学习数学建模的方法，提高逻辑思维能力和解决实际问题的能力，开拓他们的知识视野，提高了他们的综合素质。

四、数学文化

《国家中长期教育改革和发展规划纲要（2010—2020 年）》中指出：

"职业教育要面向人人、面向社会，着力培养学生的职业道德、职业技能和就业创业能力。"将培养学生的综合能力与高职院校数学教育相结合就是要让学生学习和掌握有用的数学知识，培养学生的数学素养。数学素养不仅包括运算能力、逻辑思维能力、发散思维能力、空间想象能力，同时也包含创造性思维、创新意识、心理素质、审美素养等其他文化素质。

张奠宙教授指出："数学文化必须走进课堂，在实际数学教学中使得学生在学习数学的过程中真正受到文化感染，产生文化共鸣，体会数学的文化品位和世俗的人情味。"在推崇文理交融的今天，我们理应转变观念，将数学教育提升到数学文化教育的层面上去。著名数学家李大潜院士指出："数学教育本质上就是一种素质教育。"学生数学素质的培养主要是以数学知识为载体。通过课堂教学来实现。数学文化积淀的主要阵地是课堂教学。把数学文化渗透到数学课堂教学中，并不是把数学文化知识生硬地加到数学课中，而是使其与数学内容融合在一起。

因此，高职院校数学课堂应该根据教学内容融入数学文化的概念、思想与内容。例如：讲"克莱姆法则"时，会简介数学家克莱姆；讲"拉格朗日中值定理"时，会简介数学家拉格朗日；讲"洛必达法则"时，可以向学生介绍"洛必达法则"不是洛必达本人的法则，而是洛必达的老师的成果；讲"极限"时，会介绍极限的产生发展过程。

在高职院校开设数学文化选修课对于提高学生学习数学的兴趣，提高他们的数学素养，促进他们的综合素质全面发展具有至关重要的作用。数学文化课以其独特充实的内容，生动活泼的形式，丰富多彩的教学手段，激发了学生的学习兴趣，启发了学生的灵感，让学生的思维活跃起来，拓宽了学生的知识面，让学生感受到数学文化的魅力，提高了学生们的数学素质、思想素质和文化素质，受到广大学生的普遍欢迎。实践证明，数学文化课在学生素质教育中发挥了重要作用，对高职院校数学课程教学改革与发展产生了积极有益的影响。

日本学者米山国藏说，在学校学的数学知识，毕业后若没什么机会去用，不到一两年，很快就忘掉了。然而，不管他们从事什么工作，唯有深深铭刻在头脑中的数学的精神，数学的思维方法、研究方法、推理方法和看问题的着眼点等，却随时随地发生作用，使他们终身受益。

五、工程数学

工程数学是应用于工程方面的数学。这里的工程既包括交通道路、水利、土木房屋、园艺、航空航天、电力电气化、信息工程等工程项目，也包括所有的制造业与农林工程等等实体工程项目。

工程数学比高等数学要难一些，范围更宽一些，主要内容包括微积分、积分变换、复变函数、场论和矢量、线性数学与解析几何、概率、统计和离散数学等，是在高等数学的基础上的深入，需要一定的高等数学基础，工科专业的高职生学了高等数学后，根据自己的专业与实际情况，可以选报工程数学。

工程数学注重实用，是为了让工科学生用更加方便的理论工具来处理工程常见问题。通常是根据学时和学生的专业大类开设内容。例如：信息工程中的数字信号处理需要应用傅里叶变换进行频谱分析，电路复频域响应需要拉普拉斯变换；机电类专业中，自控原理的学习需要微分方程、傅里叶变换、拉氏变换、矩阵运算，单片机的学习需要离散数学；电工学需要微分方程的知识；经济管理类专业需要更多的概率与统计；水利工程类专业中，关于小孔口自由出流规律的研究和水污染防治问题的研究都需要微分方程，进行工程水文统计与施工质量管理需要概率和数理统计。

六、对教学内容的思考

多年来，尽管高职院校数学教师对数学教学改革作了多方面的有益尝试，但教学内容及教学模式没有根本性的改变，陈旧的教学内容和落后的教学方式不能满足各学科发展和工程技术实践对数学的要求。

　　传统的数学教学内容体系上要求面面俱到，理论上追求严谨。这不仅不能适应当今科技快速发展、知识日新月异的时代要求，而且造成教学内容多、课时少的矛盾。随着我国高职教育改革的推进，各专业课程设置和教学内容作了相应的调整，在提高了对数学的要求的同时又缩减了数学教学的课时，进一步加剧了内容多、课时少的矛盾，使得教师为了完成教学任务而疲于赶教学进度，对一些重点和难点内容在教学过程中难以展开。而理论上严密、逻辑上严谨的要求更是束缚了教师的手脚，增加了学生学习的难度，从而不可避免地使一部分学生对数学课产生了畏难情绪，影响了学生的学习热情和兴趣。

　　长期以来，数学课教师教学从数学自身理论体系出发，讲授数学概念、定理、方法和应用，不注重与专业课程的有机结合，造成数学课与专业知识间的脱节。高职院校培养的人才是应用型、操作型人才，是高级蓝领。学生毕业后直接面向生产第一线，从事规划设计、施工建设、加工制造、服务管理等工作，要求学生必须具有扎实的专业知识和职业能力。而高等数学作为各专业必修的一门公共基础课程，必须为专业基础课和专业课服务，专业课需要什么实用性的数学知识，数学课就要提供这些知识。为此，数学课教学内容的进一步改革，必须坚持"数学与专业结合"、"掌握概念，强化应用，培养技能"的原则，体现"注重应用，提高素质"的高职特色。

　　数学作为一门公共基础课程，具有"理论性、工具性、专业性、应用性和文化性"等特性。对于高职院校的大学数学课程，根据专业培养目标则应侧重于其"专业性""文化性""应用性"。专业性是指大学数学应为专业课程的学习服务；文化性是指数学的学习意在提高文化素养与思想品德；应用性亦即实践性，是指数学知识在工程、技术、经济等领域中的实际应用，这是高职院校数学课教学的特色。

　　高职院校培养的高职生毕业后直接面向生产实践第一线。为此，各专业课教学应紧紧围绕生产实践，而数学等基础课的教学则应为专业基础课和专业课服务。专业基础课和专业课需要什么实用性的数学知识，数学课就相应提供这些知识，并且具有很强的可操作性，而不是一堆"死知识"。专业课教学有实践环节，要求任课教师具有实践经验；数学课教学也应有实践内容，任课教师也应有基本的工程专业知识。这里所说的数学课实践内容，是指在工程技术领域经常、广泛使用的数学知识，即专业基础课和专业课直接应用到的数学知识，或者说如何用数学语言和数学模型来描述某些专业问题等内容。这些数学知识本身的理论内涵并不大，但其外延非常广泛，应用性很强，这需要在数学课堂上专门展现并加以训练，以便学生将来能灵活自如、顺理成章地运用数学知识解决一些实际工程技术问题。为此，高等数学课教学内容的选取与确立，必须坚持"数学与专业结合""掌握概念，强化应用，培养技能"的原则，体现"注重应用，提高素质"的高职特色。

1. 理论性转向专业性

进入高职院校，高职生已经明确了自己的所学专业，高等数学的学习应区别于中学数学课程的学习，与他们的专业相结合，针对专业进行数学教学，数学的学习要为专业课程的学习服务，帮助学生实现在专业及其相关领域的快速发展。为此，教学内容更加注重知识在专业课中的应用，以"专业案例"驱动教学内容，以"为专业应用"为目的，使学生知道数学的职业应用价值，并通过这一应用过程使学生形成正确的数学学习态度，最终形成解决职业岗位工作中可能出现的数学问题的能力。

为此教学内容中增加了许多专业案例，以水利大类专业为例，举例如下：

【专业案例1】 建筑工程采石或取土，常用炸药包进行爆破。实践表明，爆破部分呈倒立圆锥形状。圆锥的母线长度即爆破作用半径 R，它是一定的；圆锥的底面半径即漏斗底半径为 r，试求炸药包埋藏多深可使爆破体积最大?

分析:此问题主要应用于水利工程和建筑工程施工爆破漏斗的设计、布置。所谓爆破漏斗,是指在有限介质中的爆破,当药包的爆破作用具有使部分介质抛向临空面的能量时,往往形成一个倒立圆锥的爆破坑,形如漏斗,称为爆破漏斗(如下图所示)。爆破漏斗的几何特征参数有:最小抵抗线 W,爆破作用半径 R,漏斗底半径 r,可见漏斗深度 P 和抛掷距离 L 等。爆破漏斗的几何特征反映了药包重量和埋深的关系,反映了爆破作用的影响范围。

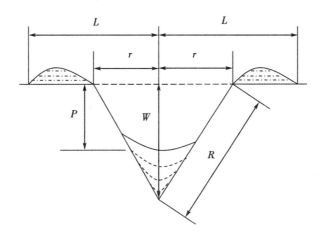

首先根据圆锥的体积公式 $V=\frac{1}{3}\pi r^2 h$,建立函数关系式。然后运用求函数最值的方法、步骤,即可求得炸药包的埋深 h。当炸药包埋深为 $h=\frac{\sqrt{3}}{3}R$ 时,爆破体积最大(计算过程略)。

【专业案例2】 把一根直径为 d 的圆木锯成截面为矩形的梁。问矩形截面的高 h 和宽 b 应如何选择才能使梁的抗弯截面模量最大?(矩形梁的抗弯截面模量 $w=\frac{1}{6}bh^2$)

解答:当矩形截面的宽 $b=\frac{\sqrt{3}}{3}d$,而高 $h=\sqrt{\frac{2}{3}}d$ 时,才能使梁的

抗弯截面模量最大(计算过程略)。

【**专业案例 3**】 一承受均布荷载的等截面简支梁如图所示,梁的抗弯刚度为 EI,求梁的最大挠度及 B 截面的转角。

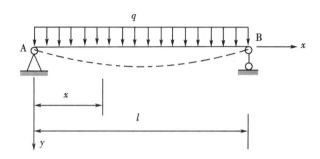

分析:此问题主要应用于求解建筑结构中静定梁的位移。梁变形时,其上各横截面的位置都发生移动,称之位移;位移通常用挠度和转角两个基本量描述。运用微分法和积分法求解挠度和转角的一般步骤是:

① 建立挠曲线近似微分方程: $\dfrac{\mathrm{d}^2 y}{\mathrm{d} x^2} = -\dfrac{M(x)}{EI}$;

② 对微分方程二次积分:

积分一次,可得出转角方程: $Q = \dfrac{\mathrm{d} y}{\mathrm{d} x} = -\dfrac{1}{EI}\Big[\int M(x)\,\mathrm{d} x + C\Big]$;

再积分一次,可得出挠度方程: $y = -\dfrac{1}{EI}\Big[\int\Big(\int M(x)\,\mathrm{d} x\Big) + Cx + D\Big]$;

③ 利用边界条件或连续条件确定积分常数 C 和 D;

④ 确定转角方程和挠度方程;

⑤ 求指定截面的转角和挠度值:

首先建立合适的直角坐标系,根据力学知识可知,该梁的弯矩方程为:

$$M(x) = \frac{1}{2}qlx - \frac{1}{2}qx^2$$

挠曲线近似微分方程为:

$$\frac{\mathrm{d}^2 y}{\mathrm{d}x^2} = -\frac{1}{EI}\left[\frac{1}{2}qlx - \frac{1}{2}qx^2\right]$$

对微分方程进行二次积分，利用边界条件确定积分常数 $\left(D=0,\right.$

$\left. C=\frac{1}{24}ql^3\right)$。

回代转角方程和挠度方程，从而求得最大挠度和截面 B 的转角。

解得：（计算过程略）最大挠度发生在跨中，即为 $y_{\max}=\dfrac{5ql^4}{384EI}$；截

面 B 的转角为 $\theta_{\mathrm{B}}=-\dfrac{ql^3}{24EI}$（ θ_{B} 为负值，表示截面 B 反时针转）。

【专业案例 4】　设一河流的河面在某处的宽度为 $2b$，河流的横断面为一抛物线弓形，河床的最深处在河流的中央，深度为 h，求河床的平均深度 $\bar{h}$。

分析：此问题主要应用于计算河流、湖泊等河床横断面水的平均深度，以此用作河流测流、工程设计或施工的一个依据。只要测量出河面在某处的宽度 (B)，河床的横断面形状和河床的最大深度 (h)，则可运用定积分中值定理知识计算该处河床的平均深度 $(\bar{h})$，即

$$\bar{h} = \frac{1}{b-a}\int_a^b f(x)\,\mathrm{d}x\ (m)$$

首先，选取坐标系使 x 轴在水平面上，y 轴正向朝下，且 y 轴为抛物线的对称轴。于是，抛物线方程为 $y=h-\dfrac{h}{b^2}\cdot x^2$。然后，运用定积分中值定理便可求得河床的平均深度 $\bar{h}$。

解得：河床的平均深度为：$\bar{h}=\dfrac{2}{3}h$。（计算过程略）

【专业案例 5】　有一条宽为 24m 的大型干渠，正在输水浇灌农田，试利用流速仪并结合梯形法或抛物线法近似求横截面积等高等数学知识进行测流。

分析：此问题主要应用于近似计算河床、渠道的过水断面面积，进而计算截面流量（即渠系测流）。由水利学知识可知，单位时间内流过某一截面的流体的体积叫作通过这个截面的流量，即 $Q = V/t$（$\mathrm{m^3}/\mathrm{s}$）。在水利工程中，流量的计算通常运用公式 $Q = Sv$（$\mathrm{m^3}/\mathrm{s}$），即过水断面面积（S）与流速（v）的乘积。

根据灌溉管理学知识，首先，选择测流断面，确定测线。测流断面选择在渠段正直、水流均匀、无漩涡和回流的地方，断面与水流方向垂直；测流断面的测线确定为12条。其次，测定断面。先在渠道两岸拉一条带有尺度的绳索，测出测深线的起点距（与断面起点桩的水平距离）；测线深度，用木制或竹制的测深杆施测，从渠道一岸到对岸每隔2m测量一次水深，测得数据如下表。根据施测结果绘出测流断面图，如图所示。第三，利用流速仪施测断面流速。例如，利用旋环式流速仪测出该渠道断面平均流速为 $v = 0.60\mathrm{m/s}$。第四，近似计算渠道过水断面面积和流量。

测线深度施测数据表　　　　　　单位：m

x_i	0	2	4	6	8	10	12	14	16	18	20	22	24
y_i	0	0.5	0.7	1.0	1.5	1.6	1.9	2.2	2.0	1.7	1.3	0.8	0

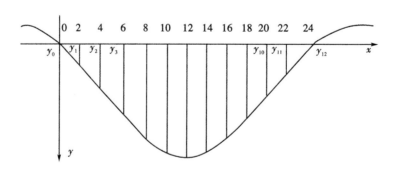

解答：（计算过程略）。

① 抛物线法（辛卜生公式）：$A \approx 30.67\mathrm{m^2}$；$Q = 18.40\mathrm{m^3}/\mathrm{s}$。

② 梯形法：$A \approx 30.40\mathrm{m^2}$；$Q = 18.24\mathrm{m^3}/\mathrm{s}$。

【专业案例6】　某河流甲、乙两水文站的年径流量在成因上有联系，且有15年同期观测资料，如表所示，甲站的径流观测资料长于乙站。试作相关分析，以判断由甲站资料借助相关关系延长乙站资料的可行性。

某河流甲、乙两水文站年平均径流量相关表　　　单位：m^3/s

年份	X_i(甲)	Y_i(乙)
1937	1590	1770
1938	1170	1290
1939	1500	1670
1954	1230	1350
1955	1010	1140
1956	1290	1410
1957	959	1060
1958	996	1100
1959	1380	1530
1960	1080	1100
1961	1110	1250
1962	1090	1250
1963	640	668
1964	1090	1130
1965	1130	1230
总计	17265	18948

分析：因拟由甲站资料对乙站资料进行延长，故将甲站年径流量视为自变量 X，将乙站年径流量视为因变量 Y。首先，点绘年径流量相关点据图，可知图中点据呈明显的直线带状分布，故可进一步进行直线相关分析。其次，计算均值 $\overline{X}$、$\overline{Y}$；均方差、相关系数 r；最后，建立回归方程。

$$\sigma_X = \sqrt{\frac{\sum_{i=1}^{n}(X_i - \overline{X})^2}{n-1}} \quad , \quad \sigma_Y = \sqrt{\frac{\sum_{i=1}^{n}(Y_i - \overline{Y})^2}{n-1}}$$

解答：$Y = 1.15X - 61$，可借助此回归方程式，由甲站年径流量资料

展延乙站资料。（计算过程略）

2. 知识性转向思想性

高职院校高等数学课程的学习不仅仅是为了学习数学理论知识，更主要的是理解数学理论体现的数学思想、数学方法，加强数学思想方法的学习，实现学以致用。

为此教学内容中增加了许多体现数学思想实例，举例如下：

【实例1】 导数的变化率思想

若以 $10cm^3/s$ 的速率给一个球形气球充气，那么当气球半径为 4cm 时，它的表面积增加多快？（单位：cm^2/s）

分析：$10cm^3/s$ 的速率就是单位时间内气球体积的变化率，即已知 $10cm^3/s = v'_t$（其中，v 是气球的体积），求当气球半径为 4cm 时，它的表面积增加多快？ 即：求 s'_t（$r = 4cm$）（其中，s 是气球的表面积，r 是气球的半径）。

解答：当气球半径为 4cm 时，它的表面积增加的速度为 $5cm^2/s$（计算过程略）。

【实例2】 极限的思想

我国古代数学家刘徽为了计算圆的面积和圆周率，曾经创立了"割圆术"，具体做法是：先作圆的内接正六边形，再作内接正十二边形。随着边数的不断增加，正多边形越来越接近于圆，那么它的面积和周长也越来越接近于圆的面积和周长。刘徽在描述这种做法时说"割之弥细，所失弥少，割之又割，以至于不可割，则与圆周合体而无所失矣。"也就是说，随着正多边形的边数无限增加，圆内接正多边形就转化为圆，这种思想就是极限思想，即用无限逼近的方式来研究数量的变化趋势的思想。PPT 展示如下：

一、引例

割之弥细，所失弥少，割之又割，以至于不可割，则与圆周合体而无所失矣.

三国时的刘徽提出的"**割圆术**"的方法.他把圆周分成六等分、十二等分、二十四等分、… 这样继续分割下去，所得多边形的面积就无限接近于圆的面积.

【实例3】 定积分的微元思想

"微元法"是解决定积分的应用问题的重要思想方法。在研究定积分计算平行截面的面积已知的立体空间体积时，假设将空间中某个立体面，由一个曲面及垂直于 x 轴的两个平面围成，如果用与 x 轴垂直的平面截此立体，所得的截面面积是已知连续函数，则此立体体积可以通过定积分表示。并通过"微元法"得出结论。此种方法在生活中的应用，可在切黄瓜时得到体现，将洗净的黄瓜放到水平放置的菜板上，菜刀则垂直于菜板的方向切去黄瓜两端，这时的黄瓜就是所求体积的立体空间。以间隔较小距离且垂直于菜板方向切下一个黄瓜薄片，将其视为一个圆柱体，其体积也就是等于截面的面积乘以厚度。由此可知，如果将这根黄瓜切成若干薄片，计算每个薄片的体积并相加就可得到黄瓜的近似体积，且黄瓜片越薄，体积值就越精确。那么如何才能提高这个数值的精确度呢？也就是将其无限细分，再获得无限和，也就是黄瓜的体积，这正是定积分的最好应用。

3. 逻辑推理性转向实际应用性

数学来源于现实生活，也必须扎根于现实生活，并且应用于现实生活，这是数学界权威人士弗赖登塔尔的基本主张。他认为数学教育体系的内容应该与现实生活密切联系，并且能在现实生活中得到应用。然而事实上，我们的数学课堂往往存在数学与生活实际"两张皮"的情况，学生脱离现实生活学数学，只学到一些枯燥抽象的数学知识，在生活中却不会应用，感受不到学习数学的乐趣，也体会不到数学的价值。因而，很多学生对数学望而生畏，没有兴趣。正如著名数学家华罗庚所说："人们对数学早就产生了枯燥乏味，神秘难懂的印象，原因之一便是脱离生活实际。"高等数学课程应淡化知识的逻辑推理，大多数学定理、公式的推导过程应省略，同时结合教学内容尽可能地创设一些生动、有趣、贴近生活的例子，把生活中的数学原形生动地展现在课堂中，使学生眼中的数学不再是单一的数学，而是富有情感、贴近生活、具有活力的数学。

现以线性代数的内容，举生活实例如下：

【实例1】 某文具商店在一周内所售出的文具如下表，周末盘点结账，计算该店每天的售货收入及一周的售货总账。

文具	星期						单价/元
	一	二	三	四	五	六	
橡皮/个	15	8	5	1	12	20	0.3
直尺/把	15	20	18	16	8	25	0.5
胶水/瓶	20	0	12	15	4	3	1

解：由表中数据设矩阵

$$A = \begin{pmatrix} 15 & 8 & 5 & 1 & 12 & 20 \\ 15 & 20 & 18 & 16 & 8 & 25 \\ 20 & 0 & 12 & 15 & 4 & 3 \end{pmatrix}, B = \begin{pmatrix} 0.3 \\ 0.5 \\ 1 \end{pmatrix}$$

则售货收入可由下法算出

$$A^{\mathrm{T}}B = \begin{pmatrix} 15 & 15 & 20 \\ 8 & 20 & 0 \\ 5 & 18 & 12 \\ 1 & 16 & 15 \\ 12 & 8 & 4 \\ 20 & 25 & 3 \end{pmatrix} \begin{pmatrix} 0.3 \\ 0.5 \\ 1 \end{pmatrix} = \begin{pmatrix} 32 \\ 12.4 \\ 22.5 \\ 23.3 \\ 11.6 \\ 21.5 \end{pmatrix}$$

所以，每天的售货收入加在一起可得一周的售货总账，即

$$32 + 12.4 + 22.5 + 23.3 + 11.6 + 21.5 = 123.3(元)$$

【实例2】　某工厂检验室有甲乙两种不同的化学原料，甲种原料分别含锌与镁10%与20%，乙种原料分别含锌与镁10%与30%。现在要用这两种原料分别配制A和B两种试剂，A试剂需含锌、镁2g、5g，B试剂需含锌、镁1g、2g。问配制A和B两种试剂分别需要甲乙两种化学原料各多少克？

解：设配制A试剂需甲乙两种化学原料分别为x，y g；配制B试剂需甲乙两种化学原料分别为s，t g；根据题意，得如下矩阵方程

$$\begin{pmatrix} 0.1 & 0.1 \\ 0.2 & 0.3 \end{pmatrix} \begin{pmatrix} x & s \\ y & t \end{pmatrix} = \begin{pmatrix} 2 & 1 \\ 5 & 2 \end{pmatrix}$$

设 $A = \begin{pmatrix} 0.1 & 0.1 \\ 0.2 & 0.3 \end{pmatrix}$，$X = \begin{pmatrix} x & s \\ y & t \end{pmatrix}$，$B = \begin{pmatrix} 2 & 1 \\ 5 & 2 \end{pmatrix}$，则 $X = A^{-1}B$，

下面用初等行变换求 A^{-1}：

$$\begin{pmatrix} 0.1 & 0.1 & 1 & 0 \\ 0.2 & 0.3 & 0 & 1 \end{pmatrix} \xrightarrow[10r_2]{10r_1} \begin{pmatrix} 1 & 1 & 10 & 0 \\ 2 & 3 & 0 & 10 \end{pmatrix} \xrightarrow{r_2 - 2r_1}$$

$$\begin{pmatrix} 1 & 1 & 10 & 0 \\ 0 & 1 & -20 & 10 \end{pmatrix} \xrightarrow{r_1 - r_2} \begin{pmatrix} 1 & 0 & 30 & -10 \\ 0 & 1 & -20 & 10 \end{pmatrix}$$

即　　　　　　　　　　$$A^{-1} = \begin{pmatrix} 30 & -10 \\ -20 & 10 \end{pmatrix}$$

所以　　　$$X = \begin{pmatrix} x & s \\ y & t \end{pmatrix} = \begin{pmatrix} 30 & -10 \\ -20 & 10 \end{pmatrix} \begin{pmatrix} 2 & 1 \\ 5 & 2 \end{pmatrix} = \begin{pmatrix} 10 & 10 \\ 10 & 0 \end{pmatrix}$$

即配制A试剂分别需要甲乙两种化学原料各10 g，配制B试剂需甲乙两种化学原料分别为10 g，0 g.

【实例3】　一百货商店出售四种型号的T恤衫：小号、中号、大号和加大号。四种型号的T恤衫的售价分别为22，24，26，30元。若商店某周共售出了13件T恤衫，毛收入为320元。已知大号的销售量为小号和加大号销售量的总和，大号的销售收入也为小号和加大号

销售收入的总和，问各种型号的 T 恤衫各售出多少件？

解：设该 T 恤衫小号、中号、大号和加大号的销售量分别为 $x_i(i = 1，2，3，4)$，由题意得

$$\begin{cases} x_1 + x_2 + x_3 + x_4 = 13 \\ 22x_1 + 24x_2 + 26x_3 + 30x_4 = 320 \\ x_1 - x_3 + x_4 = 0 \\ 22x_1 - 26x_3 + 30x_4 = 0 \end{cases}$$

下面用初等行变换把 $\overline{A}$ 化成行简化矩阵：

$$\overline{A} = \begin{pmatrix} 1 & 1 & 1 & 1 & 13 \\ 22 & 24 & 26 & 30 & 320 \\ 1 & 0 & -1 & 1 & 0 \\ 22 & 0 & -26 & 30 & 0 \end{pmatrix} \xrightarrow[r_4 - 22r_1]{r_2 - 22r_1,\ r_3 - r_1}$$

$$\begin{pmatrix} 1 & 1 & 1 & 1 & 13 \\ 0 & 2 & 4 & 8 & 34 \\ 0 & -1 & -2 & 0 & -13 \\ 0 & -22 & -48 & 8 & -286 \end{pmatrix} \xrightarrow{r_2 \leftrightarrow r_3} \begin{pmatrix} 1 & 1 & 1 & 1 & 13 \\ 0 & -1 & -2 & 0 & -13 \\ 0 & 2 & 4 & 8 & 34 \\ 0 & -22 & -48 & 8 & -286 \end{pmatrix}$$

$$\xrightarrow[r_4 - 22r_2]{r_3 + 2r_2} \begin{pmatrix} 1 & 1 & 1 & 1 & 13 \\ 0 & -1 & -2 & 0 & -13 \\ 0 & 0 & 0 & 8 & 8 \\ 0 & 0 & -4 & 8 & 0 \end{pmatrix} \xrightarrow{r_3 \leftrightarrow r_4}$$

$$\begin{pmatrix} 1 & 1 & 1 & 1 & 13 \\ 0 & -1 & -2 & 0 & -13 \\ 0 & 0 & -4 & 8 & 0 \\ 0 & 0 & 0 & 8 & 8 \end{pmatrix} \xrightarrow[-\frac{1}{8}r_4]{-r_2,\ \frac{1}{4}r_3} \begin{pmatrix} 1 & 1 & 1 & 1 & 13 \\ 0 & 1 & 2 & 0 & 13 \\ 0 & 0 & 1 & -2 & 0 \\ 0 & 0 & 0 & 1 & 1 \end{pmatrix}$$

$$\xrightarrow[r_1 - r_4]{r_3 + 2r_4} \begin{pmatrix} 1 & 1 & 1 & 0 & 12 \\ 0 & 1 & 2 & 0 & 13 \\ 0 & 0 & 1 & 0 & 2 \\ 0 & 0 & 0 & 1 & 1 \end{pmatrix} \xrightarrow[r_1 - r_3]{r_2 - 2r_3} \begin{pmatrix} 1 & 1 & 0 & 0 & 10 \\ 0 & 1 & 0 & 0 & 9 \\ 0 & 0 & 1 & 0 & 2 \\ 0 & 0 & 0 & 1 & 1 \end{pmatrix} \xrightarrow{r_1 - r_2}$$

$$\begin{pmatrix} 1 & 0 & 0 & 0 & 1 \\ 0 & 1 & 0 & 0 & 9 \\ 0 & 0 & 1 & 0 & 2 \\ 0 & 0 & 0 & 1 & 1 \end{pmatrix}$$

所以方程组解得

$$\begin{cases} x_1 = 1 \\ x_2 = 9 \\ x_3 = 2 \\ x_4 = 1 \end{cases}$$

因此 T 恤衫小号，中号，大号和加大号的销售量分别为 1 件、9 件、2 件和 1 件。

【实例 4】　一个牧场，12 头牛 4 周吃草 10/3 格尔，21 头牛 9 周吃草 10 格尔，问 24 格尔牧草，多少头牛 18 周吃完？（注：格尔——牧场的面积单位；解题过程要考虑草的生长量这一因素）

解：设每头牛每周吃草量为 x，每格尔草地每周的生长量（即草的生长量）为 y，每格尔草地的原有草量为 a，另外设 24 格尔牧草，z 头牛 18 周吃完。则根据题意得

$$\begin{cases} 12 \times 4x = 10a/3 + 10/3 \times 4y \\ 21 \times 9x = 10a + 10 \times 9y \\ z \times 18x = 24a + 24 \times 18y \end{cases}$$

其中 (x, y, a) 是线性方程组的未知数。化简得

$$\begin{cases} 144x - 40y - 10a = 0 \\ 189x - 90y - 10a = 0 \\ 18zx - 432y - 24a = 0 \end{cases}$$

根据题意知齐次线性方程组有非零解，故 $r(A) < 3$，即系数行列式

$$\begin{vmatrix} 144 & -40 & -10 \\ 189 & -90 & -10 \\ 18z & -432 & -24 \end{vmatrix} = 0$$，计算得 $z = 36$

所以 24 格尔牧草 36 头牛 18 周吃完。

【实例 5】 一制造商生产三种不同的化学产品 A，B，C，每种产品都需要经过两种机器 M 和 N 的制作。而生产每一吨不同的产品需要使用两部机器不同的时间（见下表）。机器 M 每星期使用最多 80 h，N 每星期使用最多 60 h。假设制造商可以卖出每周制造的所有产品，经营者不希望使昂贵的机器有空闲时间，想知道在一周内每一产品需制造多少吨才能使机器被充分利用？

机器	产品		
	A	B	C
M	2	3	4
N	2	2	3

解：设 A、B、C 一周生产的吨数分别为 x_1，x_2，x_3，可列方程组

$$\begin{cases} 2x_1 + 3x_2 + 4x_3 = 80 \\ 2x_1 + 2x_2 + 3x_3 = 60 \end{cases}$$

解出方程组的全部解为：

$$\begin{pmatrix} x_1 \\ x_2 \\ x_3 \end{pmatrix} = k \begin{pmatrix} -\dfrac{1}{2} \\ -1 \\ 1 \end{pmatrix} + \begin{pmatrix} 10 \\ 20 \\ 0 \end{pmatrix}$$

由题意可知找寻方程组的非负解即可，即 $x_i > 0$，得 $0 < k < 20$。

第 三 章

高职院校数学教学方法

　　面对抽象的数学公式、数学符号，高职院校的数学教师不断摸索尝试各种教学方法，以期待能够最大限度地激发高职生的数学学习兴趣，使教者易，学者轻。对合适教学方法的探究是高职院校数学教师古老而崭新的课题。

李秉德教授按照教学方法的外部形态，以及相对应的这种形态下学生认识活动的特点，把常用的教学方法分为五类。第一类方法："以语言传递信息为主的方法"，包括讲授法、谈话法、讨论法、读书指导法等。第二类方法："以直接感知为主的方法"，包括演示法、参观法等。第三类方法："以实际训练为主的方法"，包括练习法、实验法、实习作业法。第四类方法："以欣赏活动为主的教学方法"，例如陶冶法等。第五类方法："以引导探究为主的方法"，如发现法、探究法等。

但"教学有法，教无定法"，不同的教学内容，可能会有不同的教学方法；同样的教学内容，对不同的学生也可能会有不同的教学方法。从一支粉笔、一块黑板，以教师为主导的讲授法，逐渐演变成信息时代的线上、线下混合教学模式，其实是 PPT 的应用非常普遍，但PPT 也不能全盘替代教师的板书。针对不同特点的学生，根据教学内容，教学方法也不断灵活多样起来。

当然随着移动网络带宽的不断增加以及学生拥有智能手机的数量不断增多，使得教师布置网络作业并让学生在计算机或手机上解答、上交作业有了硬件基础，教师可以通过个人主页、QQ 群、微信等在网络上发布作业，学生把完成的作业通过电子邮件、QQ 群、微信等提交给老师，老师批改后再通过网络反馈给学生，并把共性问题在网上发布。这样学生可以查询标准的解题答案，通过网络作业达到自我检测的目的，网络作业形式比较适合学生平时学习自测、单元复习或总复习时进行采用。

一、翻转课堂

翻转课堂的一般形式就是要求学生带着老师的问题，在课下先观看多个短视频讲课。随着互联网的普及与计算机技术在教育领域的广

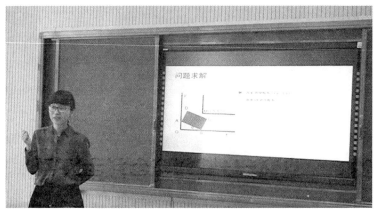

泛应用，使翻转课堂变得可行和便利。学生可以通过互联网去使用优质的教育资源，不再单纯地依赖老师去教授知识。同时，课堂上老师更多时间应该是讲授的内容重点和难点、解答学生的问题和引导学生去运用知识，以满足学生的需要和促成他们的个性化学习。

翻转课堂与混合式学习、探究性学习、其他教学方法和工具在含义上有所重叠，都是为了让学习更加灵活、主动，让学生的参与度更强。但近年来高职生数学基础越来越差，数学学习兴趣与主动性也不断降低，学习能力也在变弱，越来越多的高职生课上不学，课下更不自学。因此，在课下的视频学习效果不理想的情况下，翻转课堂的实施更加困难，使用也越来越少。少数人使用此方法时，通常给学生推荐几个生动、有趣的短视频，并且提出明确的问题以及对应的奖励与惩罚措施。

二、案例驱动教学法

案例驱动教学法，就是将真实生活引入学习之中，通过引进生活或者专业中的实际问题，并对问题进行分析，进而引出解决问题所需要的数学知识，来驱动知识的讲解的教学方法。

案例是实施案例驱动教学的前提条件之一，教师必须做好充分扎实的课前准备，要选择与知识点相吻合又要易于学生接受和认同的实用、适用的教学案例。同时要灵活地运用教学技巧来组织引导案例驱动教学。

【案例驱动例1】

提出问题：四条腿的椅子在凹凸不平的地面上可以放稳（四只腿同时着地）吗？

分析：为了能用数学语言描述，对椅子和地面需作一些必要的假设。

① 椅子四条腿一样长，椅脚与地面接触处视为一个点，四条腿的连线呈正方形。（对椅子的假设）

② 地面的高度是连续变化的，即可视为数学上的连续曲面。（对地面的假设）

③ 地面是较平坦的，使椅子在任何时候都有三条腿同时着地。（对两者关系的假设）

引出闭区间上连续函数满足的零点定理，讲解定理后解答提出的问题。

【案例驱动例 2】

提出问题：一只蜗牛在橡皮绳的一端，橡皮绳长 1000 m，蜗牛以 1 cm/s 的稳定速度沿橡皮绳爬行。在 1 s 之后，橡皮绳拉长为 2000 m；再过 1 s 后，橡皮绳又拉长为 3000 m……如此下去，问蜗牛最后能不能到达终点？

分析：先将蜗牛每天爬的长度占总长的百分比列个式子，这些百分比之和就是调和级数的百分之一。

引出调和级数的概念，讲解调和级数的概念、性质后解答提出的问题。

解答：调和级数的通项是趋向于零的，但是它的和却是趋向于无穷大的。这个调和级数里就蕴含着蜗牛的精神，蜗牛虽然爬得慢，可它不放弃，一直坚持，总会看到希望。这也是愚公精神，由此可以告诫学生"千里之行，始于足下"。

三、放松的警觉应用于数学课堂的教学法

美国学者雷纳特·N. 凯恩（Renate N. C.）和杰弗里·凯恩（Geoffrey C.）在《创设联结：教学与人脑》（Making Connections：Teaching and the Human Brain）一书中指出："对于自然知识的扩展来说，存在着一种最佳的心理状态。这种心理状态把构成内在动机的中高度挑战与低威胁和一种普遍渗透的良好感觉结合起来。我们把这种状态称作'放松的警觉'。具体而言，学习者在进行某项学习活动时首先应处于一种允许安全冒险、没有任何威胁感和不适感的学习环境，同时，在这样的环境中接受具有一定挑战性的学习任务，其注意力和内在学习动机便会因神经上的放松感和来自学习任务的高挑战得以激发。"同样，美国国家精神健康研究所脑和行为实验室原负责人麦克连（Maclena P. D.）的"三脑说"指出：当学生越感受到威胁或越感到无助，

就越可能出现负责思维活动的新皮层受到抑制。

根据高职生的特点，教师通过消除学生对自己原有不良学习经验的不适感、对自己已有知识水平不足的担忧以及在课堂学习活动可能产生的不适感并提供高挑战的学习任务，使得学生更多地进入"放松的警觉"状态，同时根据教学内容提供适合学生能力的高挑战任务，将能够促进学生达到一种课堂学习的最佳心理状态，从而从根本上保证了课堂教学质量。

四、对教学方法的思考

没有万能的教学方法，适合学生的教学方法才是最有效的教学方法。为了产生更有效的方法，教师要备教材，也要备学生。教师讲授新知识时，要采取各种各样的方法，调动学生学习的积极性，比如上课时多和学生交流，了解他们在想什么，学习数学时有什么困难，多关心他们，师生之间融洽的关系也能使学生学习的兴趣增加。在课堂上要坚持"教师是主导，学生是主体"的教学原则。讲课一定要做到思路清晰、重点突出、层次分明，对于重点、难点的地方，要不厌其烦，运用各种方法，反复解释，使学生理解其精髓。对于学生而言，听课只是从老师那里接受到了知识，若不经过消化吸收，就永远不是自己的东西。另外适当的时候介绍一下与所学的内容相关的数学典故，可以拉近学生与数学的距离，激励他们学习的热情。在讲解有些概念的时候，我们可以引用经典例子，让学生了解数学的发展历史，这样就可以使得课堂没有那么的枯燥无味。总之，让学生觉得高等数学并非深不可测，增强他们学习的自信心，逐渐适应高等数学的学习。只要因材施教，善于总结经验，找到适合学生特点的教学方法，就能使学生尽快适应高等数学的学习，取得良好的教学效果。

学生的心态是影响听课效果的重要因素之一，教学是教师和学生互相适应的过程。大一学生刚进入大学，对于大学数学课堂教学还不太适应，从心理上适应大学的数学学习，让他们主动地适应大学数学的课堂教学，培养他们自学的能力，在教学中要允许学生有一个适应过程。在第一学期刚开学的前几周，讲函数的有关知识时，要充分考虑学生的知识基础，讲课进度稍慢，较难的内容讲得详尽些，随着学生对大学数学的课堂教学的适应，讲课进度随之加快，并着重分析基本方法、重点和难点。如果学生能够尽快地调整好心态，主动适应大学数学的课堂教学，才会使数学课堂教学取得更好的效果。

良好的学习习惯对数学的学习尤为重要。首先课前预习是很重要的，预习可以提高课堂学习质量，因为提前把知识点看过后，老师在讲新内容时，可以跟得上老师的思路，不至于遇到稍不理解的地方时，就对继续听讲产生障碍，从而不明白的问题越来越多，久而久之，就会因为跟不上而掉队。另外带着问题听课，可以集中精神，把主要精力用在"刀刃"上。

课后复习巩固同样很重要，因为大学数学与高中数学教学相比，课时明显减少，一节课讲的内容较多，教师课后也不可能像高中那样安排时间领着学生复习，所以学生必须在课余时间自己复习巩固所学知识。课后一定要自觉地多做一些练习题，因为做练习不仅可以加深对内容的理解，使所学知识更加牢固，而且做练习题还可以检验自己掌握知识的程度。千万记住课前预习、课堂上认真听讲、课后复习巩固，三者缺一不可，在学习中切记不可偷懒，一步一个脚印，尽快适应高等数学的学习。

1. 问题讨论教学法

问题讨论教学法就是让学生就近分组进行讨论。每次讨论之后，教师可随机抽取某一个组的某一位同学当代表，回答有关问题，以检验该组讨论的结果。这样，尽可能地让更多的后进生参与到教学中，也可以培养学生的团结协作和集体荣誉感。

有很多学生数学基础很差，学习能力也不强。教师要帮助学生树立学好数学的自信心，克服害怕厌倦的心理，让他们感觉"高等数学不再高等"，更轻松地掌握知识。

使用问题讨论教学法，教师要注意转变教学风格，做"主持人"协同各组的讨论顺利进行，充分体现以学生为中心，让学生在自主学习过程中学会学习。

2. 问题教学法

这里的问题教学法就是教师给出一个让学生看似比较简单的问题让学生自己解决，然后对学生的解答给予分析，说明运用学生当前的知识储备解决此问题的局限性甚至矛盾性，进而讲解解决本问题需要的新知识，进而激发学生的学习兴趣。

使用问题教学法需要教师深入了解学生的知识储备，能够精准预测学生解答所提问题的错误答案及其原因，相对要求较高。这种方法选好问题是关键，一旦选好问题，此方法可以较好地激发学生的好奇心、求知欲，教学效果显著。

【案例】　求函数的极值

在高中，学生已经学习了求可导函数极值的问题，很多学生能够通过画出函数图像或者利用求导的方法，得出函数的极值。在这种情况下，若遇到函数图像不易画出，且函数导数在某些点不存在时，学生便不能顺利求出函数的极值。在掌握了学生的现有知识后，可以有的放矢开展教学。

提出问题：求函数 $y = f(x) = x - 3(x-1)^{\frac{2}{3}}$ 的极值。

分组讨论求解：学生利用函数的求导，大部分能求出结果：$f(9) = -3$ 为函数的极小值，无极大值。当然，也有一些组因为不能画出函数图像，而没能求出结果。

教师公布正确答案：$f(9) = -3$ 为函数的极小值，$f(1) = 1$ 为函数的极大值，并帮助学生漏掉函数的极大值的原因——忽略函数的导数在点 $x = 1$ 不存在，由此告诉学生使用他们以前所学知识解决此问题的局限性——仅限于可导函数求极值。进而引出对可能存在不可导点的函数求极值的一般方法。并给出求函数的极值的一般步骤：

① 写出函数的定义域；

② 求函数的导数；

③ 在定义域内，求导数不存在的点和导数等于零的点；

④ 列表；

⑤ 写出结论。

然后，将上面的问题作为例题，教师示范求函数的极值的一般步骤。

问题：求函数 $y = f(x) = x - 3(x-1)^{\frac{2}{3}}$ 的极值。

解：① $f(x)$ 的定义域为 $(-\infty, +\infty)$；

② $f'(x) = 1 - \dfrac{2}{(1-x)^{\frac{1}{3}}} = \dfrac{(1-x)^{\frac{1}{3}} - 2}{(1-x)^{\frac{1}{3}}}$；

③ 令 $f'(x) = 0$，得驻点 $x = 9$（使导数 $f'(x) = 0$ 的点称为函数 $f(x)$ 的驻点）；令 $f'(x)$ 不存在，得 $x = 1$；

④ 列表：

x	$(-\infty, 1)$	1	$(1, 9)$	9	$(9, +\infty)$
$f'(x)$	+	不存在	—	0	+
$f(x)$	↗	极大值 $f(1) = 1$	↘	极小值 $f(9) = -3$	↗

⑤ 函数的极小值为 $f(9) = -3$，函数的极大值为 $f(1) = 1$。

第 四 章

高职院校数学学习的评价方法

　　学习评价体现了教育价值。教育价值不仅决定了评价什么，而且还决定了如何评价。学习评价不是目的，而是促进教育质量提高的手段。学习评价的标准对教师的教学过程和学生的学习过程起着直接的导向作用。

学习评价向来在教育教学中起着"指挥棒"的作用，良好的学习评价是促进教育教学质量的有效措施。高职院校数学课程对学生的学习评价从单一期末的闭卷笔试考核到期中成绩与期末成绩相结合综合评价，再到平时表现（课堂考勤、课堂表现、单元测试、作业）、期中成绩与期末成绩的综合评价，以及现在的平时表现、期中成绩、期末论文、期末笔试等更多灵活多样的方式并存的综合评价。这些评价不光是评价内容的改变，更多是评价方式的改变。除此之外，更多新型的评价方法也在尝试探索中存在着。整体趋势是：考核方法更加灵活多样，既有传统的笔试，也有数学小论文、上机实验、课堂记录本的展示等方式，坚持质性评价与量化评定相结合，多方面、多角度、多侧面、多层次地考察学生的能力，以能力为本，重在考查学生对知识的灵活运用，注重问题解决能力的考核。

一、档案袋评价

1. 档案袋评价的提出背景

《国家中长期教育改革和发展规划纲要（2010—2020 年）》中明确指出："要把提高质量作为重点，建立健全职业教育质量保障体系。"而作为向来在教育教学中起到"指挥棒"作用的学习评价，可以说是保障教育教学质量的重要环节。真正科学合理的学习评价应当使学生不是为了考试而学习，而是真正在过程中享受学习，并能够自己判断自己的进步。但当前高职院校的学习评价除部分专业课程采取实践考核外，大部分课程的考试内容大多局限于教材知识点，考前教师划范围、说重点，学生忙于记笔记、背笔记，突击迎考现象仍然普遍，"高分非高能"的评价结果严重存在。这种评价不利于高职生职业能力的培养，也不能起到评价"改善与提高"的作用。笔者通过多年高职教学的学习评价方法探索，在成功尝试了分级考核、有限开卷考核、学生自我评价与反思等多种评价方法的基础上，最终实施了档案袋评价法，对学生学习产生了较大促进作用，有效提高了高职课堂教学效果。

2. 档案袋评价法及其理论基础

（1）档案袋评价法的含义

档案袋最初是指画家将自己最有代表性的作品汇集起来，向预期的委托人展示。后来这种做法应用到教育上，档案袋就是有目的地汇集学生作品，以展示学生在某一既定领域内的努力、进展和成绩。

档案袋评价（portfolio assessment）又称文件夹评价，是通过档案袋收集学生的学习作品、学习心得、学习资料以及学习反思等，点滴记录学生真实、全面的学习过程，展现学生的知识习得、能力、素养等，是一种以学生为中心的重视学习过程的真实性、发展性的过程评价方法。美国哈佛大学教育学院针对儿童开展的教育实验"零点项目（project zero）"，最先使了用这种评价方法。随后，该项目得到了美国心理学家加德纳等人的继承和发展，于是，档案袋评价的实践也在世界各国的各门学科得到广泛采用，并显示出极大的优势。

（2）档案袋评价法的理论依据

档案袋评价法是建构主义学习理论的应用。皮亚杰（J. Piaget）等学者的建构主义学习理论认为：知识是学习者主动自我建构而习得，不是教师灌输获得的。在学习过程中，建构主义学习理论坚持以学习者为中心，营造良好的学习环境，激发学习者的学习兴趣，让他们主动建构知识。档案袋评价法符合建构主义学习理论的精神，充分尊重学习者的中心地位和个性差异，让学习者根据学习目标，自我搜集自己的学习资料，主动建构评价的内容，也可以根据自己的特长和优势，建立个性化评价内容，扬长补短，促进他们展开自主学习。

档案袋评价法是多元智能理论的一次诠释。加德纳教授在《智能结构》中首次提出了多元智能理论。他从神经心理学和脑功能分区研究的角度，指出人类的智力是多元的，每种智力都涉及不同的领域内容和符号系统,而且这些智力都是与生俱来的,存在个别差异。承认每个学习者与生俱来的多元智力,档案袋评价法在评价内容上,尊重来自不同家庭背景,有着不同的学习风格、文化背景、认知水平的学习者的智力差异,让学习者建立个性化的档案袋,评价内容不仅包括学习成就(考试成绩),还包括学习者某种智力因素的外显方式(学习态度、兴趣爱好、道德品质、心理素质、学习能力、实践能力、创新精神等)。在评价方式上,承认学习者获得知识和技能的方法多种多样,允许学习者用自己的方式解决各种问题,用各种方式展示他们的优势、特长、取得的进步,最大限度地促进学习者全面发展多元智能。

3. 档案袋评价法在高职教学中的应用:以高等 数学课程为例

美国著名学者斯塔弗尔比姆(L. Stufflebeam)说过:"评价真正的意图不是为了证明,而是为了改进。"依据高职院校高等数学课程标准,结合高职生的智能结构与数学学习特点,实施档案袋评价法可以更好提高高职数学教学效果。

(1)档案袋评价目标

当前,高职院校高等数学课程的学习评价通常是过程评价与期末考试评价相结合。其中过程评价包括课堂考勤、课堂表现、作业等内容,由教师根据学生的平时表现量化评分。这部分成绩相对于期末考试成绩而言,所占比例较小,而且为提高学生的课程考核过关率,往往教师给学生过程评价的分数较高,也拉不开距离。于是,期末考试成绩最终在考核结果中起决定性作用。为应付期末考试,短时记忆数学公式、死记硬背解题步骤的迎考现象仍然严重,59分与60分的结果差异不断放大。这种评价目标不明确,学生通常为考试而被动学习,不利于激发高职生的学习积极性、主动性,也不能体现他们的职业能力差异,违背了"评价是为了改进、提高"的宗旨。

档案袋评价承认并尊重学习者的个体差异,注重过程,看中他们的进步与发展,并让学习者最大限度地参与评价过程,及时发现并修改自己的偏差。档案袋评价目标：一是全面、科学地展现学习者的综合能力与表现，激发他们学习的主动性，并让他们及时发现自己的优缺点，扬长补短，使自己不断提高、进步，享受自己学习过程的成就。二是档案袋里的内容比较全面记录了学习者的学习过程。当学习者应聘工作时，应聘单位通过翻阅此档案袋，可以还原学习者这一阶段本课程的学习表现，更加全面地了解学习者，以决定是否录用。

（2）档案袋评价的内容与分类

档案袋的内容是丰富的，至少包括学生自制的个性名片、记录学生本课程课堂出勤情况的考勤表、课堂表现记录单，包括学生预习记录、课堂记录、课堂练习、课后练习、课后作业、学习心得的学习记录本，一篇体现高职院校数学课程为专业课程学习服务的数学应用论文、单元测试成绩单、期末试卷、课程学习心得、学生的自我评价与反思、教师评语等内容。除此之外，学生根据自己个性、特长、经历、喜好，个人反思等，只要学生愿意，可以将自己的任何资料存入档案袋。

档案袋内容分成质性评价与量化评价两类。质性评价的内容有：学生的个性名片、数学学习记录本、数学应用论文、课程学习心得、学生的自我评价与反思、教师评语等。量化评价的内容有：课堂考勤表、课堂表现记录单、单元测试成绩单、带有成绩的期末试卷等。

（3）档案袋评价的标准

档案袋评价标准是多元化的。档案袋评价是通过档案袋里的内容体现学习者的学习态度、知识习得等多个方面的知识、能力与素养。档案袋评价的标准不是唯一的，不存在考核"过不过关"的说法。所以，不存在传统评价中"挂科补考"的现象。而且如果学习者不满意自己档案袋的评价内容，在评价过程中，也就是在课程学习过程中，可以通过自己的努力，对部分评价内容进行修复。比如：不满意自己写的数学应用论文或者不满意自己设计的个性名片，可以重新完成后更新。但部分评价内容是不能修复的，比如：单元测试成绩单、期末成绩、课堂考勤表、课堂表现记录单等内容，对于这些自己不满意又不能修复的档案袋内容,学习者可以选择跟下一年级重修。同时,档案袋评价的评价人是多方面的,他们可以是学习者自己、教师、家长,也可以是学习者应聘工作时,招聘的单位的社会人员。他们有各自不同的评价标准,这也造就了档案袋评价标准的多元化。

(4)档案袋评价的过程

首先,教师让学生明确:什么是档案袋评价,为什么要进行档案袋评价,这种评价与传统评价的异同。也让学生明确高等数学档案袋评价的目的、标准、方式与内容,使学生清楚档案袋里要存放的基本资料有哪些,怎样建构自己的档案袋。

其次,学生要自己填写"档案袋"封面。"档案袋"封面是统一由学校制作的,能够一目了然提供学生的基本信息。

再次,档案袋内容以学生的纸质资料为主,平时存放在统一指定的位置,由数学课代表管理,课代表记录每个学生的课堂考勤、课堂表现,其他资料也由任课教师签字确认后由课代表装入档案袋管理。

最后,档案袋评价是一个过程评价。它始于课程开始时学生档案袋的建立,学生学习过程中,形成的个人表现、学习资料充实到档案袋里的过程就是评价的过程,当期末考试结束、学生自我评价与教师评价全部结束后,由辅导员签字确认,档案袋封闭盖章,交学生所在院系档案室管理,此课程的档案袋评价也随之结束。

(5)档案袋评价的使用反馈

笔者在实施档案袋评价之后,通过问卷调查、访谈法与比较研究进一步研究了实施效果。首先,笔者自编问卷通过对整群随机抽样选取学生的数学学习现状进行调查,以了解他们对档案袋评价法的理解和认识、满意度,以及他们的知识习得、学习态度、课堂满意度等方面的情况。同时亦对全体数学任课教师进行问卷调查,以了解他们对档案袋评价法的理解和认识、满意度,以及他们的教学行为、教学态度等方面的情况。其次,与部分学生和老师进行了访谈,深入挖掘他们所表现出的学习或教学行为背后的原因以及对高职数学学习评价方面的意见和建议等。最后,分析了实施档案袋评价的学生的单元测试成绩与期末成绩，并与传统评价的学生成绩进行了对比统计。

通过以上研究得出：本课程实施的档案袋评价较好避免了"一考定论"、打破了"59分白费，60分万岁"的一分屏障，学生对评价的满意度较高。同时研究结果还表明：学生在评价中，获得了评价的鼓励性、学习的自主性，实施档案袋评价的实验班的单元测试成绩与期末成绩的平均分明显高于非实验班。这种评价达到了"以评促学、以评促改"的效果。总之，档案袋评价法在高职院校数学教学中的应用取得了比较明显的效果，有进一步推广使用的意义与价值。

4. 运用档案袋评价法促进高职院校教学质量的提高

研究档案袋评价法在高职教学中的应用，虽然以高职院校的高等数学课程为例，但基于档案袋评价法的应用具有一定的普适性，以及高职特点的共性，在高职教学中实施档案袋评价法具有非常重要的现实意义与推广价值。

根据高职院校的培养目标，应加强高职生职业能力的培养。而职业能力是完成某种职业任务所需要的多种能力的组合体，它包括技术转化能力、创新能力、团队协作能力、沟通交流能力、服务能力、管理能力和吃苦精神等。因此，多种能力的综合评价非传统评价所能完成。而档案袋评价法的评价内容涉及到知识、态度、能力、素养等多个方面，更加符合多种能力的综合评价的要求。

档案袋评价法符合高职生的智能结构特点。由于我国当代基础教育和人才选拔机制的原因，致使高职院校的生源基本上是所谓的"学困生"，知识薄弱，缺乏自主学习和主动求知的学习习惯，学生厌学和学习障碍等现象较为严重。高职院校学生虽然文化基础知识（所谓的IQ）较差，但是他们并不是"笨学生"，只是他们与所谓的"好学生"相比，其智能结构存在差异，每个人的智能结构都有自己优势的一面。因此，应结合职业教育类型以及高职生的智能结构特点，帮助他们找到适合自己的学习方式和评价方法，才能提高高职生的学习能力。档案袋评价法将质性评价与量化评价有机结合，注重个性差异，以高职生为主体，让他们扬长补短，不断提高与进步。

高职生的学习特点要求档案袋评价法。由于高职院校学生知识基础较差，缺乏学习的自信心，导致在高职生群体中存在着普遍的学习动力不足现象。有研究表明：高职生学习功利性比较强，而对学习知识和技能本身兴趣并不浓厚。反映在行为表现上，高职生往往会表现出学习主动性欠缺、自信心不足和学习习惯缺失、课堂沉默被动、学习行为差异明显等。高职生的这些学习特点，需要改革传统的教学方法与评价方法。档案袋评价法能够让高职生主动建构评价内容，成为了评价的主体与主人，激发高职生的学习兴趣，促使高职生主动学习，起到"以评促学"，提高教学效果的作用。

5. 高职院校运用档案袋评价法的注意事项

尽管档案袋评价有明显优势，但也呈现出许多不足。首先，纸质"档案袋"中，学生作品主要以纸质记录为主，保存需要较大空间。其次，档案袋评价的记录伴随着整个学习过程：有课前记录、课堂记录与课后记录，记录人有个人、组长、课代表、教师等，档案的管理难度大，如何更好地规范与管理"档案袋"，有待于进一步探讨。最后，高职院校每门课程都有自己的课程标准与特点，任课教师要结合自己的课堂教学，因材施教，灵活运用并不断创新档案袋评价的内容和方法，使档案袋评价的应用进一步促进高职院校教育教学质量的提高。

二、发展性评价在高职数学教学中的应用

1. 发展性评价简介

（1）发展性评价的内涵

发展性评价（developmental evaluation）源于 20 世纪 90 年代初英国

开放大学教育学院纳托尔（Latoner）和克利夫特（Clift）等人提出的发展性教育评价的思想，他们倡导教育评价要以发展为本，要注重专业发展和个性发展。我国自 1984 年正式加入"国际教育成就评价协会"以来，国内许多学者和教师针对我国的教育教学现状对学生评价进行了多层次、多角度的探索，尤其是对发展性评价的研究不断深入，明确了发展性评价的功能是关注和促进学生的全面发展。但研究者对发展性评价的内涵有不同的定义和表述。例如，有学者认为发展性评价是一种尊重个别差异、基于学生实际表现的评价方式；又有学者认为发展性评价是一种评价的理念，而不是一种具体的评价方法，凡是旨在促进学生、教师和学校的发展为目的的评价，都可以称为发展性评价；还有学者认为发展性评价是根据一定的发展性目标，运用发展性的评价技术和方法，对学生素质发展的进程进行的评价解释，这种解释意在促进学生在德、智、体、美、劳诸方面素质都得到发展。

虽然对发展性评价的内涵有不同的定义和表述。但发展性评价的核心思想都是"一切为了学生发展"的教育理念，发展性评价不仅关注学生的学习成绩，更引导和促进学生综合素质的发展和完善，逐步实现不同层次的发展目标。

（2）发展性评价的体系与策略

发展性评价体系以促进学生的发展为目的，通过确定相应的评价指标来衡量学生的综合素质的发展情况。通常情况下，发展性评价的体系由定量评价和定性评价两部分构成。定量评价一般有课堂考勤、作业、单元测试、期末考试以及其他与课程学习有关的材料（作品、实习报告等）、活动、项目量化出的成绩；定性评价一般有学生的自我评价与个人反思、教师的评价与建议以及学生所在学习小组的互评等。

除了注重制定评价体系外，还要注意评价策略的使用，比如：任务驱动策略、着眼全程策略、模糊评价策略、反思认知策略和协作交流策略、激励性评价策略、多元主体评价策略、评分标准分级制定策略等，不同的学习内容可以采用不同的策略，使学习评价与各学习环节有机配合，达到最佳效果。

2. 发展性评价在高职数学教学中的应用

美国著名学者斯塔弗尔比姆(L. Stufflebeam)说过："评价最重要的意图不是为了证明，而是为了改进。"依据高职数学课程的课程标准，结合高职生的智能结构与数学学习特点，实施发展性评价。

(1)高职数学课程发展性评价的目标

发展性评价倡导"让每个学生都能在原有基础上有所发展"的教育理念，关心每个学生的发展，力求客观地记录和反映每个学生达到既定标准的程度，鼓励学生在自己原有基础上有所提高，追求"不求人人成功，但求个个进步"的境界。通过这样的评价能够充分体现评价的反馈、指导功能，促进每个学生都能得到全面发展。

高职数学教师要引导学生直面自己薄弱的数学知识基础与"不良"的学习习惯，教师承认、尊重学生已有的认知基础与学习习惯，鼓励并帮助每个学生制订让他们的进步与发展的学习方案或建议，让他们最大限度地参与评价过程，使他们经常看到努力带来的进步，并能让他们及时发现并修改自己的偏差，激发他们学习的主动性。

高职数学课程发展性评价目标是全面、科学地展现高职生数学学习的综合能力与表现，鼓励、帮助他们主动克服困难，使他们享受"天道酬勤"带给自己在数学知识获取、能力与素质提高的成功喜悦。

(2)高职院校数学课程发展性评价的原则

高职数学课程使用发展性评价首先承认并尊重学生的个体差异，关注学生的数学学习过程，因材施教，结合多种评价方式进行评价。具体原则有下述几个方面：

一是着眼于学生的发展。发展性评价基于一定的学习目标，这些目标来自于数学课程标准，也充分考虑了学生的实际情况，追求目标的实现是教师与学生共同努力的方向，也构成了评价的依据。评价不仅要看相应目标的达成度，更要注重目标的达成度对应的努力付出，这正是学生进步、发展的体现。

二是注重评价的诊断功能。评价过程中，要对学生的认知现状、发展特征以及发展水平进行描述与认定，这些描述或认定必须是学生和教师共同认可的，它们不能具有"高利害性"，只用于分析学生存在的优势和不足，并在此基础上提出具体的改进建议。在评价过程中，教师要关注学生个体的差异，收集并记录每个学生发展状况的关键表现与资料，对这些表现与资料的呈现和分析能够形成对学生发展变化过程的认识，以便及时发现每个学生的进步及其发展潜力并给予激励，同时诊断他们在学习过程中出现的问题，针对学生的不足给予纠正，帮助他们完成个人发展的既定目标。

三是强调评价主体的多元化。发展性评价的评价者应该是了解学生学习过程的全体对象的代表，以对学生进行全方位的评价，他们可以是学生自己、任课教师、学习小组成员、课代表等其他有关人员。以评价学生的某次学习活动为例，评价者应该包括教师、学生、学校领导和其他与该学习活动有关的人。

（3）高职院校数学课程发展性评价办法

高职院校数学课程发展性评价办法一览表

评价体系	评价内容	评价方法	评价人	分值
定量评价	课堂记录	阶段性检查学生的课堂记录本、课堂练习，并记录	任课教师	5
	作业	教师讲评，学习小组成员互评	学习小组成员	10
	课堂考勤	制定课堂考勤表	课代表	10
		云班课考勤	任课教师	
	单元测试 期中测试	根据教学内容，随机安排多次多种形式的测试	任课教师	10
	期末考试	流水阅卷	数学教师	15
	其他	云班课积分、数学论文、数学建模等各种学习活动成果	与该学习活动有关的人	10

续表

评价体系	评价内容	评价方法	评价人	分值
定性评价	学期初自评	学生自评知识基础、学习习惯、缺点与不足以及努力的方向与改进措施	学生自己	10
	学期中自评与反思	审核学生相对于学期初自评的改进情况，存在的缺点与不足以及改进措施是否客观、可行	任课教师	10
	学期末自评与反思	审核学生的进步情况是否属实，反思是否中肯	任课教师	10
	综合评价	课堂表现、课下互助表现等，学习小组成员互评	学习小组成员	10

3. 高职院校应用发展性评价的意义

虽然上面说的是发展性评价在高职数学教学中的应用，但基于发展性评价的应用具有一定的普适性以及高职院校特点的共性，在高职院校教学中实施发展性评价具有非常重要的实践意义与推广价值。

我国高等教育迈入普及化阶段，高职院校出现了更多的"学困生"，他们知识基础较差，缺乏学习的自信心和主动求知的学习习惯，学生厌学和学习障碍等现象较为严重。但是，他们依然期望每门课程"不要挂科"甚至是取得好成绩，也希望自己有进步和收获，更懂得"勤能补拙"的道理。根据高职生的这些学习特点，需要改革传统的教学方法与评价方法。因此，教师要恰当使用发展性评价，注重每个学生的个性差异，鼓励并让他们成为了评价的主体与主人，帮助他们树立学习的信心，激发他们的学习兴趣，促使他们主动学习，不断提高与进步，让他们看到"付出就会有结果"，起到"以评促学"，提高教学效果的作用。

三、分级考核

高职生的数学基础、学习能力、学习习惯有着明显差异，承认并尊重这种差异，坚持高职生的个性发展需求，按照"多元智能论"，高职院校数学课程使用分级考核有其操作的可行性与必要性。

1. 高职院校分级考核的基本内容

承认并尊重高职生的数学基础差异与认知能力差异，实行分级考核。分为 A、B、C 三个等级，由高职生依据个人情况，自主选择其中任何一个等级的考核方式。

A 级：考核分为过程考核（40%）和期末考核（60%），期末考核为全校的统一考试，满分成绩为 100 分。即：

总分 = 过程考核分数×40% + 期末考核分数×60%

B 级：考核分为过程考核（50%）和期末考核（50%），期末考核为全校的统一考试，满分成绩为 85 分。分数计算方法为：

总分 B（B 由 b 确定，$b = b_1 + b_2$）

其中：b_1 = 过程考核分数×50%；b_2 = 期末考核分数×50%

$$b \in [90, 100] \quad \Rightarrow \quad B \in [83, 85]$$
$$b \in [85, 90) \quad \Rightarrow \quad B \in [81, 83)$$
$$b \in [80, 85) \quad \Rightarrow \quad B \in [79, 81)$$
$$b \in [75, 80) \quad \Rightarrow \quad B \in [77, 79)$$
$$b \in [70, 75) \quad \Rightarrow \quad B \in [74, 77)$$
$$b \in [65, 70) \quad \Rightarrow \quad B \in [71, 74)$$
$$b \in [60, 65) \quad \Rightarrow \quad B \in [68, 71)$$
$$b \in [55, 60) \quad \Rightarrow \quad B \in [65, 68)$$
$$b \in [50, 55) \quad \Rightarrow \quad B \in [60, 65)$$

$$b \in [0, 50) \quad \Rightarrow \quad B \in [0, 60)$$

例如：一考生选择 B 级，假设过程考核分数为 85 分，则

期末考核分数 20 分，最后得分 $\in [60, 65)$

期末考核分数 50 分，最后得分 $\in [71, 74)$

C 级：考核分为过程考核（70%）和期末考核（30%），期末考核为全校的统一考试，满分成绩为 75 分。分数计算方法为：

总分 C（C 由 c 确定，$c = c_1 + c_2$）

其中：$c_1 =$ 过程考核分数 $\times 70\%$；$c_2 =$ 期末考核分数 $\times 30\%$

$$c \in [80, 100] \Rightarrow C \in [74, 75]$$
$$c \in [75, 80) \Rightarrow C \in [72, 74)$$
$$c \in [70, 75) \Rightarrow C \in [68, 72)$$
$$c \in [65, 70) \Rightarrow C \in [64, 68)$$
$$c \in [60, 65) \Rightarrow C \in [60, 64)$$
$$c \in [0, 60) \Rightarrow C \in [0, 60)$$

例如：一考生选择 C 级，假设过程考核分数为 80 分，则

期末考核分数 20 分，最后得分 $\in [60, 64)$

期末考核分数 50 分，最后得分 $\in [68, 72)$

说明：过程考核：包括考勤（30%）、课堂表现（20%）、课堂记录（30%）、期中考试或其他（20%）。

2. 实施分级考核的问卷调查

高职院校实施分级考核是一种新的评价形式，首先抽样一些班级试点了这种评价方式，并在试点后，对试点班级的学生与任课教师分别进行问卷调查与统计分析。任课教师高度认同了该评价方式的科学性、合理性，希望进一步扩大试点范围。同时有 65.01% 学生认为该评价方式更合理，愿意该考核制度改革方案得到推广。

共设置九个调查问卷，回收调查问卷 664 份（有效问卷 663 份），具体数据如下：

第1题	你认为你目前的数学成绩怎样？			
选 项	A 很棒	B 较好	C 一般	D 不好
份 数	93	103	296	171
百分比	14.03%	15.54%	44.65%	25.79%

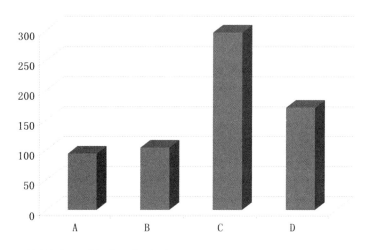

第2题	你认为你的学习态度是否认真？			
选 项	A 非常认真	B 一般	C 不太认真	D 不认真
份 数	198	345	100	20
百分比	29.86%	52.04%	15.08%	3.02%

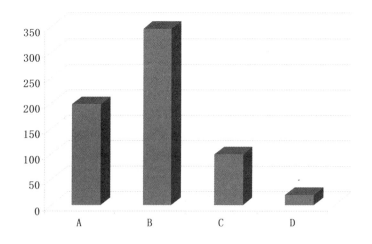

第3题	你是否愿意分级考核?		
选　项	A 愿意	B 不愿意	C 没想法
份　数	431	149	83
百分比	65.01%	22.47%	12.52%

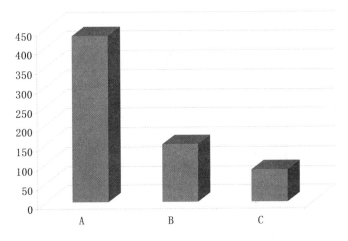

第4题	你认为后悔上学期选择的等级吗?		
选　项	A 不后悔	B 后悔	C 没想过
份　数	504	109	50
百分比	76.02%	16.44%	7.54%

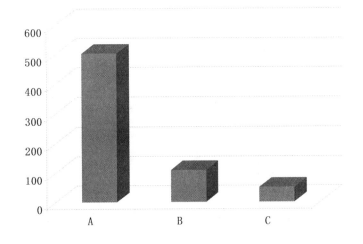

第5题	选报C级不能评优评奖，你同意吗？		
选 项	A 同意	B 不同意	C 没想法
份 数	114	470	79
百分比	17.19%	70.89%	11.92%

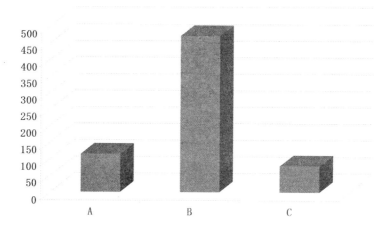

第6题	你认为上学期分级考核成绩符合实际情况吗？			
选 项	A 很符合	B 比较符合	C 不太符合	D 不符合
份 数	178	198	170	117
百分比	26.85%	29.86%	25.64%	17.65%

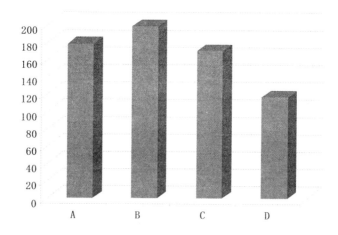

第 7 题	你认为数学成绩更应该看重过程考核还是结果考核?			
选 项	A 过程考核	B 结果考核	C 两者一样	D 没想过
份 数	530	31	89	13
百分比	79.94%	4.68%	13.42%	1.96%

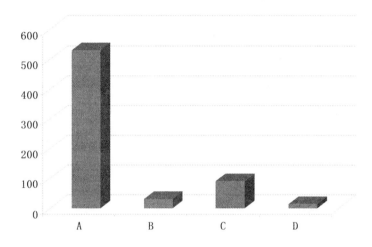

第 8 题	你认为学好数学与考核形式的关系密切吗?			
选 项	A 非常密切	B 不太密切	C 没关系	D 不知道
份 数	199	242	155	67
百分比	30.02%	36.50%	23.38%	10.11%

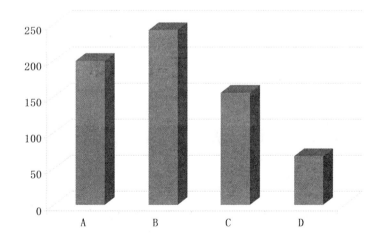

通过问卷统计得到：有 65.01% 学生愿意参加分级考核，并且 76.02% 学生不后悔上学期对于自己考核等级的选择，82.35% 的学生认为自己上学期考核与自己学习成绩完全符合或基本符合，79.94% 认为数学成绩更应该看重过程考核，13.42% 认为数学成绩过程考核和结果考核相结合，70.43% 学生不愿意分级考核中 C 级影响他们的评奖评优情况，认为分级是一种考核方式，对评奖评优应一视同仁。学生大部分愿意选择分层考核有以下原因：一是 70.43% 学生认为自己当前的数学基础和成绩不好或一般，对于自己数学基础信心不足；二是过程考核更能体现学生平时上课和学习情况，让学生感觉成绩是平时学习和上课逐渐积累的，让他们有看得见的成功，缓解他们对学习的习得性无助的现象。

第 9 题	如果本学期继续进行分级考核，给出你对上学期考核的修改建议

① 不要考试，过程很重要，态度很重要；

② 注重过程考核，不要采用考试模式；

③ 选 C 也可以参加评奖评优；

④ 尽可能地提高考试通过率；

⑤ A、B 级试卷，加一道附加题；

⑥ 报名 C 级应更注重过程分；

⑦ 选 C 级不进行考试，可根据平时和上课情况给分和随堂考；

⑧ 过程考核适应增长分值

3. 实施分级考核的思考

实施分级考核，符合高职生数学成绩较差的实际情况，由于 C 级更加偏重过程考核，学生为了顺利通过期末考核，出勤、作业、课堂表现等均比以前有较大幅度的提高，营造了良好的班风，促进了学生管理。但成绩也有一些偏差：一是 16.44% 的同学后悔上学期所选报的考核等级，说明有部分学生在选报考核等级时出现了偏差。因此，应该允许学生对所选报的考核等级在适当的时间段内作出适当的调整，以使成绩评定更加公平合理。二是也存在因为选等级不合适造成的一部分选 C 的学生比选 B 的学生期末卷面成绩高的现象，导致最后的总评成绩与实际情况有明显偏差。三是同一教学班级，相同的教学内容，有着不同的评价标准，有待于进一步论证其合理与科学性。

◢◢◢ 四、有限开卷

1. 高职院校数学课程有限开卷的基本内容

数学知识有公式多、定理多的特点，由于记错公式，解题出错的情况普遍存在。为了避免学生考前死记硬背数学公式的迎考现象，在考试前一周，统一发给学生每人一张 A4 的白纸。规定学生在这张纸上，除了写清自己的班级、姓名、学号外，可以正反两面任意写自己认为重要内容的与考试有关的知识点，在考试时带入考场，供考试时参考使用。学生考试结束后，将此纸与试题纸一起上交，装进试卷袋里，让学生更重视平时学习过程和内容的归纳提炼。

2. 对高职院校数学课程有限开卷的思考

（1）高职院校数学课程有限开卷的优点

考前：因为有限开卷，需要学生在 A4 纸上写相关概念、公式或者例题，因此会督促学生反复看教材，既避免了学生需要死记硬背对考试带来的负面心理影响，又使学生对知识点进行了"再学习"，锻炼了学生对学习内容的总结和归纳能力，达到了巩固复习的目的。

考中：由于学生通过总结归纳把自己认为重要的内容抄写在 A4 纸上，公开带入考场。学生就不用绞尽脑汁死记硬背，使大部分考生觉得没有必要夹带纸条了，也不必费尽心机去作弊。因此，考场中偷看纸条的现象大为减少，一定程度上减少了学生作弊现象的发生，对加强考风考纪建设起到了一定的积极作用。

考后：通过对试点班级考试成绩统计分析，由于不需要学生记忆相关公式，所以计算题的总体得分较非试点班级有明显提升。

（2）高职院校数学课程有限开卷存在的问题

首先是对一些平时不认真听课的学生，考前准备考试用纸时不知道该写什么内容，只能把其他同学已经写好的内容抄在自己的纸上，对所学内容并未掌握，考试时也不能有效地使用自己准备的A4纸。其次，考试过程中，有互换A4纸或者提前准备多张A4纸的现象发生。最后，有限开卷考试的试题不同于完全闭卷的试题，对试题的综合性、创新性、应用性应提出更高要求。

（3）高职院校数学课程有限开卷的改进

首先，为避免考试过程中，有互换A4纸或者提前准备多张A4纸的现象发生。建议将A4纸统一编号，并在统一的位置，要求学生提前写清自己的班级、姓名、学号，入场时，由监考教师检查后带入考场。

其次，为保证A4纸的质量，避免考前抄袭、不劳而获，建议将学生A4纸的完成情况记入该生的过程性考核成绩。考试结束后，此纸与答题纸一起上交，由阅卷教师评定成绩。提升A4纸的多用价值，让学生更重视平时学习过程和内容的归纳提炼。

再次，强化考前教育，加强考试管理。教师在平日教学中，应当在引导学生全面学习的基础上，把握重点难点，指导其解决实际问题，让学生学会复习、归纳和总结。监考过程中进一步严格考场纪律，加强考前检查管理。

最后，对于有限开卷考试的试题，要最大限度地减少纯记忆性内容的考核，侧重检查学生对知识点的理解和掌握及对实际问题的解决能力，增加考核学生学以致用的开放性题目。这就要求教师在教学过程中需不断改进教学方法，注重培养学生发现问题、思考问题、分析问题、解决问题的能力，从对学生的知识传授向能力培养进行转变。

五、数学记录本

数学作业情况能够反映学生对知识的掌握情况与数学学习的态度，目前很多高职院校将数学作业情况作为平时成绩的重要组成部分。但一直以来数学作业存在不少问题，也因此影响着对学生评价的合理性。变数学作业本为数学记录本，是对数学课程过程评价中的一项新举措。数学记录本实现了传统数学作业本、数学课堂笔记本、数学练习本三本合一的功能。

1. 高职院校数学作业现状及存在的问题

数学作业是数学教学中的重要环节，是整个教学过程的重要组成部分，是学生对所接受的信息进行再现、整理、加工和应用的过程，是学生强化和实践数学思想方法的重要环节。作业安排得好，对学生自学能力的培养有巨大的促进作用，同时也利于教师改进教学方法。

当前高职院校学生数学作业现状及存在问题如下：一是作业循环周期较长，学生主观能动性受制约。数学是各专业的公共基础课，学数学的学生人数比较多，教师批阅作业的工作量相当大，这样便造成了作业循环周期比较长，学生往往在一周之后才能从教师批改的作业中得到反馈信息，而这时教师又讲授了新的教学内容，布置了新的作业，这样学生难以及时在作业中得到信息反馈并修正错误。数学的知识体系是环环相扣、呈逻辑递进、螺旋上升的，学生一旦在某个阶段对所学知识不理解，就会影响他们在下一个阶段的学习，从而严重制约学生主观能动性的发挥，导致教学效果不佳。二是作业不够规范，具有抄袭现象。当前由于高校扩招等多方面因素的影响，高等职业教育生源质量总体下降，很多进入高职院校学习的学生基础知识不扎实，尤其数学成绩较差，他们对学好数学缺乏信心与兴趣，而且缺少良好的学习习惯，自我约束能力较差，做作业没有计划、不及时。到了要交作业时来不及做，只好抄作业。同时他们缺少吃苦耐劳、克服困难的精神，在学习上遇到一点困难就想放弃，不会做就想到抄作业。

2. 提高数学作业有效性的方法——数学记录本

变作业本为学习记录本可以提高数学作业有效性。学生可将预习记录、课堂记录、课堂练习、课后练习、课后作业、学习心得等统统记在学习记录本上，让学习记录本点滴记录学生真实学习数学的过程。

教育心理学研究表明，学习中信息反馈越是及时恰当，学生学习的效果就越好。随着高校扩招，学生数量增加，在传统的作业布置及批改方法下，教师用在批改作业上的时间和精力也越来越多，造成了作业周期长、教师的劳动与收效极不对称的现象。要充分地调动学生的学习积极性，发挥他们的个性特征，提高教学质量，必须改变作业的批改方法。可采用学生参与的批改方法，教师可选择学生自评、互评、小组评等方式批改作业。

首先是学生自评：教师公布作业答案，引导学生自己给自己评改作业，给学生一个对作业反思的机会。其次是学生互评：学生之间互相评改，一方面，让学生学习、体会他人的思考、解决问题的方法，另一方面，让学生看看他人的数学语言表达的方式，进而对自己的表达方式进行反思，这样学生会有意识地关注数学语言的表达。再次是小组评改：在教师指导下学生组成小组对作业评改。以上几种师生结合的评改方式，有利于形成学生学习的主体意识，并在评改过程中学会自我发现、自我反思，学会欣赏他人，充分适应学生的心理发展特点，提高自身能力。最后是教师不定期抽查学生的数学记录本，并在学生自评、互评或小组评改后面签上评改日期，并要求学生课后在记录本上及时纠错。教师可利用课间不定期抽查学生的数学记录本，并写上"阅"字及抽查日期。这样便避免了学生为迎接检查而补抄作业的不良现象，使数学记录本能真实地再现学生的学习过程，真实地反映学生的学习态度，为期末评定作业成绩提供了真实的资料。因此，变数学作业本为数学记录本成为数学课程过程评价中的一项新举措。

第五章

数学课程思政

　　2020 年 5 月 28 日教育部印发的关于《高等学校课程思政建设指导纲要》中指出：高等学校人才培养是育人和育才相统一的过程，要发挥好每门课程的育人作用，将价值塑造、知识传授和能力培养三者融为一体，落实立德树人的根本任务，提高高校人才培养质量。数学作为高职院校的重要基础课程，在知识传授和能力培养的同时融入价值引领，帮助学生塑造正确的世界观、人生观、价值观，是数学课程应有之义，更是必备内容。

一、课程思政简介

课程思政是一种教育教学理念，而不是一门或一类特定的课程。其基本涵义是：大学的所有课程都具有传授知识、培养能力以及思想政治教育的双重功能，承载着培养大学生正确的世界观、人生观、价值观的作用。

课程思政也是一种思维方式，这种思维方式要求教师在教学过程中有高度的育人自觉性，并能有效地对学生进行思想政治教育，体现在教学设计上就是把人的思想政治培养作为课程教学的目标放在首位，并与专业发展教育相结合。

课程思政要充分发挥课程的德育功能，运用德育的学科思维，提炼课程中蕴含的文化基因和价值范式，将其转化为社会主义核心价值观具体化、生动化的有效教学载体，在"润物细无声"的知识学习中融入理想信念层面的精神指引。

课程思政是指以构建全员、全过程、全课程育人格局的形式将各类课程与思政课同向同行，形成协同效应，把"立德树人"作为教育的根本任务的一种综合教育理念。

2016年习近平总书记在全国高校思想政治工作会议上指出了"课程思政"的指导思想。2018年教育部陈宝生部长在教育部高等学校教指委成立大会上也指出了："加强课程思政、专业思政十分重要，要提升到中国特色高等教育制度层面来认识。要在持续提升思政课质量的基础上，推动其他各门课程与思政课形成协同效应。"在陈部长的这个发言一周后的教育部新闻办组织的采访活动中，职业教育与成人教育司王继平司长再次指出："坚持立德树人的根本任务，推动思政课程向课程思政的转变，实现专业教育与思政教育同向同行"。

课程思政的目标以习近平新时代中国特色社会主义思想为指导，

坚持知识传授、能力培养与价值引领相结合，根据课程特点，结合教学内容，帮助大学生树立正确的理想信念、价值取向与政治信仰，全面提高大学生缘事析理、明辨是非的能力，培养学生成为德才兼备、全面发展的人才。

二、思政资源的开发

课程思政不是每门课程都体系化、系统化地进行德育教育活动，也不是每堂课都要机械、教条地安排思政教育内容，而是结合各门课程特点，紧紧围绕"课程思政"的目标寻找德育元素，恰当、适时地进行非体系化、系统化的教育。

思政资源的开发应该实事求是、结合教学内容自然贴合并具有明显的实效性。就高职数学课程而言，高职数学既是理工科各专业的一门工具课程，也是高职院校的素质教育中培养学生成为合格的自然人和职业人发展需求的通识课程。作为工具课程，是学生学习专业课的基础工具，是培养学生理性思维、创新思维、分析和解决实际问题能力的重要载体。作为通识课程，在传授知识、培养能力的过程中，对学生进行价值塑造，就像将盐溶解到各种食物中自然而然被吸收，帮助学生塑造正确的世界观、人生观和价值观，使学生拥有完整人格，实现全面发展。数学中的很多公式、定理是用数学家的名字来命名的，在讲解这些内容的时候，先简介有关数学家的成功经历。比如：讲"洛必达法则"时，介绍数学家洛必达，同时告诉学生"洛必达法则"其实不是"洛必达的法则"而是"洛必达的老师——约翰·伯努利——的法则"，由此对学生进行诚信教育，帮助他们树立实事求是的作风和不惧失败的品质。

三、高职数学课程思政案例

1. 函数、极限与连续的思政案例

专业知识点	思政素材	思政目标
数学的重要性	2018 年 1 月 3 日的国务院常务会议上，李克强说："无论是人工智能还是量子通信等，都需要数学等基础学科作有力支撑"。2018 年 1 月华为在法国设立了第二个数学研究所，华为公司董事会成员、战略 Marketing 总裁徐文伟说："数学是开启一切的工具。"通过确定光线传播的路径，让学生各个学科几乎都离不开数学，数学之所以被称为百科之王是有道理的。所以作为一门基础学科，一门工具性的学科，大家务必掌握并能把实际遇到的问题能够建立适当的模型转换为数学知识可以解决的问题	激发学生科技报国的家国情怀和使命担当
函数的概念与发展史	17 世纪后期，牛顿、莱布尼茨建立微积分时还没有人明确函数的一般意义。 1673 年，莱布尼茨首次使用 "function"（函数）表示 "幂"。 1718 年约翰·伯努利在莱布尼茨函数概念的基础上对函数概念进行了定义。 1921 年库拉托夫斯基（Kuratowski）用康托尔的集合概念定义函数。 我国在 1895 年由清朝数学家李善兰翻译引进了函数的概念	用函数的概念的发展史，告诉学生 "落后就要挨打"，培养学生的民族自信心与爱国情感

续表

专业知识点	思政素材	思政目标
分段函数	个税税率表、出租车车费、快递费三个案例	通过三个实际问题，强化学生学会主动观察和了解社会，培养他们合理分析日常生活问题的意识和能力
	某景点的门票收费标准为：每人 50 元，如果 40 人及 40 人以上的团体票享受 6 折优惠。试建立门票费用最少的关系式	实践是检验真理的唯一标准
函数的奇偶性	偶函数的对称性	对称之美，美在形。数学之美还有和谐之美，简单之美。在二千多年前，数学家毕达哥拉斯就极度赞赏整数的和谐美，圆和球体的对称美，称宇宙是数的和谐体系。人之美，不仅在于形，更在于心之美
函数图像	函数的图像与性质	让学生感悟人生，起起落落是必经之路，是成长的需要，跌入低谷不放弃，伫立高峰不张扬，低谷与高峰只是人生路上的一个转折点
反函数	反函数存在的条件：一一对应。引入：《婚姻法》一夫一妻	守法、责任、担当
函数的有界性	结合图像，讲解有界与无界的概念	有界：做事有原则，有底线，不守规矩，难成方圆。无界：挑战极限，勇于攀登，挑战不可能
	钓鱼岛案例	培养学生的爱国主义思想

续表

专业知识点	思政素材	思政目标
函数的周期性	函数的周期性，就是规律性。比如：四季的变化，每个季节都有每个季节的色彩：春季播种，秋季收获。学生的一生正值青春，不负韶华，该做学生应该做的	不负韶华，珍惜青春大好时光
函数的对应关系	一对多（辅导员与学生）	大学期间，个性化发展，自我约束，管理
极限的思想	极限思想中无限是有限的发展，有限是无限的结果，是对立统一的	极限蕴含了哲学的三大基本规律，通过学习极限培养学生的哲学思想，提高学生的哲学素养
	三国时期刘徽提出的"割圆术"	培养学生的民族自信心与爱国情感
极限的概念	比较：$\lim\limits_{n\to\infty}\dfrac{1}{n}=0$ 与 $\lim\limits_{x\to\infty}\dfrac{1}{x}=0$	全面，多角度分析问题
	我国的古书《庄子·天子篇》记载："一日之棰，日取其半，万世不竭。"	让学生感受到数学的魅力，通过这样介绍，学生不仅深刻理解极限的概念，也认识到我们祖先的聪明智慧，增强民族自豪感
	数列的极限 $\lim\limits_{n\to\infty}x_n=A$，极限是无限接近的过程	极限就如同我们最初的理想，不忘初心，砥砺前行，精益求精，无限接近，方得始终。极限的精确定义，也蕴含了一丝不苟，字斟句酌，作风严谨

续表

专业知识点	思政素材	思政目标
函数的极限	了解了极限的思想之后，讲解函数 $f(x)$ 当 x 趋向无穷时的极限为 A	极限值 A 代表我们的人生目标，x 代表为此目标所做的不懈努力和奋斗，激发学生为目标奋斗的潜能，培养学生追求卓越的工匠精神
极限的运算法则	按有了极限的除法运算后，按难易程度依次讲解下面三个例题 $$\lim_{x \to 0} \frac{2x^2 - 3x + 1}{x + 2}$$ $$\lim_{x \to 3} \frac{x^2 - 4x + 3}{x^2 - 9}$$ $$\lim_{x \to \infty} \frac{2x^2 - x + 3}{x^2 + 2x + 2}$$	步步逼近，不言放弃，不畏艰难，勇于攀登
第二个重要极限	设小王从银行借款 A 元，投资做生意，年复利率为 r，试计算 t 年后应还多少钱？	t 年后还款钱数是一个巨大的数字，因此通过求解这道实际应用题，学生能够懂得自我约束和理性消费，远离校园贷
	爱因斯坦——复利的能量远超过相对论。爱因斯坦简介：1879 年出生在德国的一个犹太人家庭。1896 年（17 岁）就读于瑞士联邦高等工业学校。在学校里，他热衷于探索自然界的奥秘，利用课外时间阅读大量有关哲学和自然科学的书籍。1902 年开始工作，他不顾工资低微的清贫生活，坚持不懈地利用业余时间进行科学研究，并不断取得成果。1905 年（26 岁），创立了狭义相对论。震动了物理学界，随后又进行了深入研究，最终创立了广义相对论	激发学生发奋学习，培养他们科技报国的家国情怀

续表

专业知识点	思政素材	思政目标
第二个重要极限	欧拉简介：数学史上公认的 4 名最伟大的数学家分别是：阿基米德、牛顿、欧拉和高斯。阿基米德有"翘起地球"的豪言壮语，牛顿因为苹果闻名世界，高斯少年时就显露出计算天赋，唯独欧拉没有戏剧性的故事让人印象深刻。 欧拉 1707 年出生于瑞士。在他数学生涯中，他的视力一直在恶化。1735 年，他的右眼近乎失明。1766 年，他近乎完全失明。即便如此，病痛似乎并未影响到欧拉的学术研究。几乎每一个数学领域都可以看到欧拉的名字——初等几何的欧拉线、多面体的欧拉定理、立体解析几何的欧拉变换公式、复变函数的欧拉公式……他创造了一批数学符号，如 $f(x)$、Σ、i、e 等等，使得数学更容易表述、推广	激励学生克服困难，勇往直前
无穷小的概念	根据无穷小的概念，判断 0.01 是不是无穷小？让学生自行计算 $(1+0.01)^{365}$ 和 $(1-0.01)^{365}$ 的两个结果 37.8 和 0.03	告诉学生：积跬步以致千里，积怠惰以致深渊。珍惜时光，每天进步一点点
无穷小量与无穷大量	通过比较无穷小量与无穷大量，得出相对论	辩证统一的思想
无穷大的概念	无穷大有正负两个方向	遇事也要反正两个方面看问题，学会换位思考，尝试理解别人、宽容别人
无穷小的性质	有限个无穷小的代数和仍为无穷小，但无限个无穷小的代数和不一定是无穷小	这个性质说明了量变到质变的道理，正如一滴水的力量很微弱，但是日积月累，便能滴水穿石，只要功夫深，铁杵磨成针，引导学生在生活中坚信，只要持之以恒，一定会有质的飞跃

续表

专业知识点	思政素材	思政目标
无穷小的比较	无穷小比较的五种结果	教育学生： ① 谦虚谨慎，人外有人，山外有山； ② 三百六十行，行行出状元； ③ 三人行，必有我师
函数的连续性	在学习连续的定义即 $\lim\limits_{\Delta x \to 0} \Delta y = 0$ 时，让学生明白：x 的变化很小，y 的变化也很小。如同"付出与收获成正比"。同学们每天点滴的努力，只是小的变化，但可以积少成多。知识的积累，不能急于求成	做事不要急于求成，要脚踏实地
函数的连续性	讲函数的连续性时可以延伸到生活当中的一些例子，比如气温的变化，植物的生长都要遵守连续性，拔苗助长的故事，告诉我们要遵守事物的发展规律。我国古诗文中有很多名句中体现了连续性的变化，比如陶渊明的名句，勤学如春起之苗，不见其增，日有所长，辍学如磨刀之石，不见其损，日有所亏。有些函数是连续的引申为时间也是连续的	延伸出引导学生学习有时也不能急于求成，跳跃性发展，也要一步一个脚印付出努力。这样既能更好地理解定义，又增加了学习的趣味性。引导学生要珍惜时间，时间非常宝贵
闭区间上连续函数的性质	某人早 8 时从山下旅店出发沿一条路径上山，下午 5 时到达山顶并留宿，次日早 8 时沿同一路径下山，下午 5 时回到旅店，则必存在某时刻 t_0 使这人在两天中的同一时刻 t_0 经过途中的同一地点。为什么？	与实际问题相结合，提高学生解决实际问题的能力，并激发学生的学习兴趣，也可以看成两个人在同一天上山、下山，一定相遇，一题多解，锻炼学生的开放创新思维，反映在今后的生活、工作、学习中要灵活处理问题，多方面思考，可以事半功倍

2. 导数与微分的思政案例

专业知识点	思政素材	思政目标
可导与连续的关系	一组图片形象解释可导与连续的关系 	社会公德教育
导数的几何意义	$$f'(x_0) = \lim_{\Delta x \to 0} \frac{\Delta y}{\Delta x} = k$$	这是一个有量变引起质变的过程，最后实现数与形对立统一，引领学生认识数学内部的矛盾运动是数学发展的动力源泉，而外部条件是不可或缺的推动力量，认识矛盾主次对立统一的辩证规律，从而指导学生做好人生规划，掌握轻重缓急
复合函数的求导法则	复合函数的求导法则	不畏艰险，积极探索，化难为易
参数方程确定函数的求导	椭圆有两种常用的形式 $$\frac{x^2}{a^2} + \frac{y^2}{b^2} = 1$$ $$x = a\cos t$$ $$y = b\sin t$$	人有多重角色，老师的学生、父母的孩子，将来是公司的职员，每一种角色有不同的责任。告诉学生：要负责任、有担当，珍惜大学生活

续表

专业知识点	思政素材	思政目标
高阶导数的求法	求 $(x\ln x)^{(10)}$	千里之行始于足下，做任何事情都要一步一个脚印，没有捷径可寻，更不能一蹴而就。
	讲解例题 ① $(e^x)^{(n)}$； ② $(x^{n-1})^{(n)}$； ③ $(\sin x)^{(n)}$； ④ $\ln(1+x)^{(n)}$	根据这四种结果可以理解为始终不变，消失不见，周期循环和改变函数，如果将每次求导看成人生中的一次挫折，那么挫折过后会对应四种结果，始终坚持如初，被挫折磨灭的意志，原地踏步徘徊不前和改变了最初的理想
微分的应用	例题：水管壁的截面是一个圆环，它的内半径为 r，壁厚为 h，求这个圆环截面面积的近似值。 由此引出数学的应用： 数学是知识的工具，亦是其他知识工具的源泉。 ——法国数学家笛卡儿	结合水利专业进行教育，学数学是科技强国的基础

3. 导数应用的思政案例

专业知识点	思政素材	思政目标
拉格朗日中值定理	介绍拉格朗日的生平：拉格朗日父亲是法国陆军骑兵里的一名军官，后由于经商破产，家道中落。全部著作、论文、学术报告记录、学术通讯超过 500 篇。拉格朗日是 18 世纪的伟大科学家，在数学、力学和天文学三个学科中都有历史性的重大贡献。但他主要是数学家，拿破仑曾称赞他是"一座高耸在数学界的金字塔"，他最突出的贡献是在把数学分析的基础脱离几何与力学方面起了决定性的作用，使数学的独立性更为清楚，而不仅是其他学科的工	同学们在学习中，包括以后的工作、创业中不可能一帆风顺的，可能会遇到这样或那样的困难和挫折，我们一定不要被一时的失败击倒，而是要在失败的基础上振奋精神，更加努力，只要这样，就一定能够取得最终的胜利，达到理想的境地

续表

专业知识点	思政素材	思政目标
	具。同时在使天文学力学化、力学分析化上也起了历史性作用，促使力学和天文学（天体力学）更深入发展。拉格朗日由于家庭没落，是其人生中的挫折，但拉格朗日没有一直沉迷于家庭昔日的辉煌，也没有被没落的事实击败，而是努力拼搏，最终取得了世人瞩目的成就	
微分中值定理	罗尔定理、拉格朗日中值定理、柯西中值定理的发现者：罗尔、拉格朗日、柯西三位数学家都是法国人，他们生活在 17 世纪—18 世纪的法国，当时的法国可以说是国富民强，百姓安居乐业，人们在科学方面才能投入足够的时间和精力，从而也就取得了令人瞩目的成就。而当时的中国积贫积弱，人民食不果腹，民不聊生，所以我们的科学进展基本停止，在近代我国对于数学的贡献是微乎其微的	现在我们国家国富民强、政通人和，正是科学家、知识分子发挥才智的绝好时机，同学们应当抓住这大好时机，努力学习，练好基本功，为国家、为民族的发展书写浓墨重彩的一笔
罗尔定理	罗尔定理中需要三个条件都满足才一定能找到那个导数为零的点	罗尔定理中需要三个条件都满足才一定能找到那个导数为零的点，学习也是这样，只有把所有必须掌握的知识点全部学习到，才能保证在任何情况下都不会产生"书到用时方恨少"的情形
洛必达法则	简介洛必达，并告诉学生"洛必达法则"是洛必达的老师约翰·伯努利的新发现	教育学生在学习、工作、生活中要诚实守信

续表

专业知识点	思政素材	思政目标
函数的单调性和极值	极值这个知识点，数形结合后画出来的图形，就像庐山的山岭一样连绵起伏，极大值在山顶取得，极小值则是出现在山谷。通过《题西林壁》这首诗引入极值的概念，会给抽象的数学课堂注入一缕诗情画意	在讲解极值这个知识点的时候，不仅要教会学生求函数的极值点与极值，同时还可以让学生感悟，人生就像连绵不断的曲面，起起落落是必然，是成长的需要，跌入低谷不气馁，甘于平淡不放任，伫立高峰不张扬，这才叫宽阔胸襟。要学会用运动的观点看待问题，低谷与顶峰只是我们人生路上的一个转折点。要认识事物的真相与全貌，必须超越狭小的范围，摆脱主观成见
函数的极值	极值的第一充分条件	极值的第一充分条件如果用语言叙述是很麻烦的，但是我们如果用图像记忆法就很简单了。所以教育学生要注意时刻转换思维，不要在一些问题上过于死板，要灵活地处理问题
函数的极值与最值区别	函数的极值和最值是不同的概念	相对论的思想
函数极值的应用	例：某商店的一辆送货推车，长 2 m，宽 1 m。用这辆推车送货时，需要在 1.5 m 宽的直角走廊里转弯。试问：能顺利完成吗？	强化学生学会主动观察和了解社会，培养其合理分析日常生活问题的意识

续表

专业知识点	思政素材	思政目标
函数极值的应用	例：一条直角走廊宽 1.3 m，一件水平截面如图所示的直角家具，是否能拐进这条直角走廊？ E 0.4 D 1.4 家具 C 0.4 A 1.4 B	人们的生活水平不断提高，珍惜来之不易的美好生活，幸福生活是奋斗出来的
	张同学家里饲养了 6 头猪。在饲养过程中每天投入 4 元资金，用于饲料、人力、设备，估计可使 80 kg 重的生猪体重增加 2 kg。市场价格目前为 8 元/千克，但是预测每天会降低 0.1 元，问生猪应何时出售	强化学生学会主动观察和了解社会，培养其合理分析日常生活问题的意识
	求射门的最佳位置： 105 m 7.32 m　70 m B b A a θ β G P α x H $\beta = \arctan \dfrac{b}{x}$　$\alpha = \arctan \dfrac{a}{x}$ 求 x_y，使 $\theta = \arctan \dfrac{b}{x} - \arctan \dfrac{a}{x}$ 达到最大值	放下手机，走出宿舍，每天运动一小时，开启阳光新生活

续表

专业知识点	思政素材	思政目标
函数的最值	边际成本最小值	边际成本最小值的求解，让学生知道降低成本应当从降低边际成本入手，所以同学们应当注意每时每刻都要注意节约，养成勤俭节约的好习惯，让这一光荣传统继续传承下去
函数的凹凸性	函数凹凸性概念和图像	不仅函数有凹凸性，我们每个人的人生旅程就是凹凸相间的，当你身处低谷时，不要气馁，因为接下来的拐点必然让你走向高峰；当你春风得意时，不要忘乎所以，因为一个小小的拐点就可以立即让你黯然神伤。所以我们要学会正确对待成功和不如意
曲线的凹凸性	学习之前引入港珠澳大桥，港珠澳大桥为什么设计成曲线？	讲中国故事，传播中国声音，弘扬人与自然和谐相处理念，提升学生的文化自信感和民族自豪感，并提高其解决实际问题的能力

续表

专业知识点	思政素材	思政目标
渐近线	对于函数来说，虽然与渐近线永远没有交点，但是渐近线的存在让函数找到了前进的方向和奋进的目标，函数才不会偏离方向	共产主义这一宏伟目标距离实现虽然还有很长的路要走，但是正是这一目标为我们指引了前进的方向，激励着一代一代的仁人志士为之拼搏，为之奋斗

4. 不定积分与定积分的思政案例

专业知识点	思政素材	思政目标
不定积分的概念	不定积分概念的引入：589 年，意大利物理学家伽利略在比萨斜塔上做了"两个质量不同的铁球同时落地"的自由落体实验。简介伽利略	励志成才教育
换元积分法	不定积分的凑微分法	引入例题：同一道例题，引导学生采用直接积分法和凑微分法两种方法进行求解，培养学生逻辑推理能力以及锻炼学生的开放创新思维，反映在今后的生活、工作、学习中要灵活处理问题，多方面思考，可以事半功倍

续表

专业知识点	思政素材	思政目标
分部积分法	分部积分法	分部积分法能让复杂不容易求的积分变得简单易求,这是一个由难到易的转化。引导学生在生活中处理任何事情,要遵循一定原则,不能一错再错导致最后一发不可收拾,培养学生开阔眼界,凡事要及时改变思路,化繁为简,大事化小,提升解决问题的能力
定积分的概念	定积分概念的引入:不规则图形的面积,引出图片,祖国的大好河山	爱国兴国教育
定积分"化整为零"的思想	定积分的"化整为零"数学思想让同学们明白,再复杂的事情都是由简单的事情组合起来的,需要我们用智慧去分解,理性平和地去做事	① 千里之行,始于足下。积少成多,从现在开始; ② 积少成多,每天进步一点,严格要求,制定学习计划。积分中无穷累加的思想告诉我们,不积跬步,无以至千里;不积小流,无以成江海。只要你脚踏实地,不断积累,理想终究会实现

续表

专业知识点	思政素材	思政目标
牛顿和莱布尼茨微积分基本公式	简介牛顿和莱布尼茨微积分	微积分基本公式是牛顿和莱布尼茨共同完成的，该定理奠定了定积分的发展基础，使得定积分得以快速地被应用。从中我们看到，即便是天才也需要合作，合作可以发挥大家的智慧，从而激发出更大的力量，我们日常工作、学习、生活都需要与他人合作、交流
反常积分	无穷积分	反常积分中，虽然积分的上限是无穷大，但是有些积分却是有限值；而有些积分虽然积分上限和下限均是有限的，但是其积分值却是无穷大的。所以我们无论做什么事情都要掌握事情的本质，才能掌握事情发展的方向，彻底解决问题。否则，我们就可能被许多表面现象所迷惑而无法看清事物的本质
微元法	利用定积分来计算刹车距离的案例告诉大家，即便你以 36 km/h 的速度刹车刹停汽车尚需 10 m 的距离	如果在更高的速度开始刹车，那将需要更长的刹车距离，所以即便你的开车技术再好，也要时刻保持警惕，控制速度，保障安全

5. 定积分应用的思政案例

专业知识点	思政素材	思政目标
阿基米德螺线	计算阿基米德螺线面积，引申到在自然界中存在很多阿基米德螺线：老唱片、盘状蚊香、传动齿轮、向日葵、鹦鹉螺贝壳、银河系涡状星云的旋臂等都是阿基米德螺线	教育学生数学来源于生活，平时大家要注意观察，养成勤思考的习惯，不论外面的环境怎样改变，要保持自己努力的特性不要改变。就像伯努利对等角螺线的评价：纵然改变，依然故我。引导学生来欣赏曲线的美学价值
定积分应用	定积分计算——气体压力做功	用定积分计算气体压力做功，指出发动机的研发是中国的一个短板，希望同学们努力学习，将来能够将这一短板补齐，助力中国

6. 常微分方程的思政案例

专业知识点	思政素材	思政目标
微分方程的应用	微分方程的应用引出火箭升空的模型，进而介绍中国的科技成果：北斗导航、载人深潜、5G 等	激发学生的爱国热情，增强学生的民族自尊心和自豪感，激励学生为国家而努力学习的斗志和精神

续表

专业知识点	思政素材	思政目标
可分离变量的微分方程	利用变量分离法求可分离变量的微分方程的通解，是莱布尼茨在 1691 年提出的。莱布尼茨是历史上少见的通才，被誉为 17 世纪的亚里士多德。他是德国的哲学家、数学家，也是律师、外交家。当祖国有难，要被法国攻打时，他受迈因茨选帝侯之托挺身而出，着手准备制止法国进攻德国的计划，并作为一名外交官出使巴黎，试图游说法国国王路易十四放弃进攻	引入数学家的故事，引导学生树立正确的价值观，数学家莱布尼茨，不仅在科学学术方面有巨大的成就，并且热爱祖国，心系国家，非常值得我们学习
一阶线性非齐次微分方程的通解	常数变易法由一阶线性齐次微分方程的通解公式常数变易求解一阶线性非齐次微分方程的通解	引导学生在学习或生活过程中要遵循事物发展的规律由简到繁，一步一个脚印，先掌握简单再掌握难的
微分方程的实际应用	受害者的尸体于 19:30 被发现，法医于 20:20 赶到凶案现场，测得尸体温度为 32.6 ℃；1 h 后，当尸体即将被抬走时，测得尸体温度为 31.4 ℃，室温在几个小时内始终保持 21.1 ℃。此案最大的嫌疑犯张某声称自己是无罪的，并有证人说："下午张某一直在办公室上班，17:00 打完电话后就离开了办公室。"从张某到受害者家(凶案现场)步行需 5 min，现在的问题是，张某不在凶案现场的证言能否被采信，使他排除在嫌疑犯之外？	将微分方程的应用与生活实际相结合，保证知识的趣味性，将知识迁移到实际问题中，学生能感受到知识的实用性，积极主动去探索并解决问题。并引导学生要遵纪守法，任何时候做事不要冲动
	日本"钻石公主"号邮轮上有 3700 人，一名游客被新冠病毒感染，12 h 后有 3 人发病，由于这种新冠病毒潜伏期没有症状，故感染者不能被及时隔离，经过 60~72 h 邮轮上的人员才能被隔离，试估算这段时间内感染新冠病毒的人数	结合当前疫情，将知识迁移到实际问题中，学生能感受到知识的实用性，积极主动去探索并解决问题，调动学生学习知识的兴趣

续表

专业知识点	思政素材	思政目标
微分方程的实际应用	研究水污染防治问题： 某湖泊的水量为 V，每年排入湖泊内含污染物砷的水量为 $V/6$，流入湖泊的不含污染物砷的水量为 $V/6$，流出湖泊的水量为 $V/3$。已知 2005 年底湖中砷的含量为 $5m_0$，超过国家规定指标，为了治理污染，从 2006 年起，限定排入湖泊中含砷污水的浓度不超过 m_0/V。问至少需要经过多少年，湖泊中的污染物砷的含量降至 m_0 以内？（注：设湖水中砷的浓度是均匀的。）	结合生活实际情况，引导学生注意环保，防治水污染问题
	水瓶保温测试问题： 热水瓶出厂前，要经过保温性能测试.传统的测试方法是：将 $100\ ℃$ 的热水装入水瓶，加上盖，经过 $24\ h$ 后，再测量温度，如果水温不低于 $60\ ℃$，则为合格产品，准许出厂；否则，为不合格产品。现在，我们想将测试时间缩短为 $3\ h$，有什么方法？	结合实际问题，提高同学们解决实际问题的能力，激发学生的学习兴趣，通过解决问题能够提高做事效率，引导学生努力学习科学文化知识，利用科学知识提高做事效率

7. 无穷级数的思政案例

专业知识点	思政素材	思政目标
常数项级数的概念与性质	一根绳子长 1 m，蜗牛第一天爬了 1 cm。正当蜗牛心想 100 天就可以爬完时，未曾想第二天绳子均匀拉伸变为 2 m，蜗牛大吃一惊，但它不气馁，又坚持爬了 1 cm…就这样，绳子每天伸长 1 m，蜗牛每天爬 1 cm，一直往前爬，问题是蜗牛有希望爬到绳子尽头吗？	教育学生积微方能成著，在做事中要有愚公精神，认准目标就要坚持下去，永不放弃
无穷级数的定义	芝诺悖论	辩证统一的思想
级数的概念	1, 2, 3, 5, 8, 13, 21, 34, 55, 89, 144, …" 这是数学中有趣的斐波那契级数.此级数的最大特征是级数中任何相邻的两个数，次第相除，其比率都最为接近 0.618034…这个值，它的极限就是所谓"黄金分割数"	从中可以领悟到任何事物都是从小做起，每一件大事都是一件件小事的堆积，一分耕耘一分收获(只有前面数字越大，后面数字才越大)

续表

专业知识点	思政素材	思政目标
正项级数敛散性比较判别法	如果大的级数收敛，比其小的级数必收敛，如果小的级数发散，比其大的级数必发散	这一敛散性判别法告诉我们做人的道理，好比一个家庭当中长辈们品德高尚，正直善良，教子有方，那么他们对家人的影响都将是积极向上的，具有上行下效的寓意。相反，如果一个人的自身品质不好，让人联想到家庭环境也不是很好，这样有利于学生记忆，并教育学生应努力学习，爱自己，爱家人
级数的展开	用泰勒级数来进行展开计算时，我们要舍弃不必要的精度计算，只有这样我们才能在规定的时间和条件下，计算得到符合我们要求的结果，而如果不进行有效的舍弃，那必然导致无法计算，无法完成任务	同学们在学习过程中也要有所舍弃，只有舍弃那些对成绩影响不大的甚至没有影响的事务，全力以赴对待学习，那样才能达成自己的目标，实现自己的理想
泰勒级数	简介泰勒：泰勒出生于一个富有的家庭，但是由于眼疾不得不辍学，他在一个小工厂干杂活，这让他真正体会到了工人的艰辛，也就有机会发现生产中存在的问题和不足。从而促使他去想办法解决问题，所以最后成就了一个非凡的泰勒。借此教育学生必须参加到生产实际中，在劳动中才能使自己发展，才能使自己成长，才能锻炼自己	引入数学家的故事，引导学生树立正确的价值观

续表

专业知识点	思政素材	思政目标
级数的展开	级数的展开 $1 - \dfrac{1}{2} + \dfrac{1}{3} - \dfrac{1}{4} + \cdots = \dfrac{\pi}{4}$	蕴含的哲学思想：量变与质变的道理。同样，同学们每天都在学习的话，表面上看没有什么进步，但是日积月累就会发生质的改变，学习能力和个人的知识储备就会发生本质的变化，所以同学们学习在有目标的情况下，关键是能坚持下去，持之以恒

8. 平面及其方程的思政案例

专业知识点	思政素材	思政目标
空间直角坐标系	空间直角坐标系当中的三个坐标轴	可以定义为国家坐标、社会坐标和个人坐标，从数学方法的角度解读中国梦，同时引发学生思考，坐标轴有正半轴和负半轴，正如我们提到的正能量和负能量，大学生如何做到积累正能量？如何处理负能量？如何传播正能量，逐步构建正确的社会主义核心价值观。对学生进行核心价值观教育

续表

专业知识点	思政素材	思政目标
空间的发展历史	最早的数学空间概念是欧几里得空间。它来源于对空间的直观，反映了空间的平直性、均匀性、各向同性、包容性、位置关系(距离)、三维性，乃至无穷延伸性、无限可分性、连续性等方面的初步认识。但在很长时期里，人们对空间的理解只局限于欧几里得几何学的范围，认为它与时间无关。19世纪20年代，非欧几何的出现突破了欧几里得空间是唯一数学空间的传统观念。非欧几里得几何的空间概念具有更高的抽象性，它与欧几里得空间统一成常曲率空间，而常曲率空间又是黎曼空间的特殊形式。19世纪中叶，G.F.B.黎曼还引进流形概念。这些概念不仅对物理空间的认识起了很大作用，而且也大大丰富了数学中的空间概念	通过空间的概念的发展历史，增加学生的学习兴趣
空间直角坐标系的建立法则	在建立空间直角坐标系时，X轴，Y轴，Z轴遵循的是右手法则，通过这个知识点向同学们传递在历史发展的过程中什么时候以右为上，什么时期是以左为上，并带入历史典故进行讲解	向同学们传递中国历史发展的过程中右和左为上的历史轨迹
向量的概念	向量的两个特性是有大小，有方向，我们的人生也应该像向量一样，有明确的方向，并且做足够的努力	通过向量，让同学们体会制定自己人生规划的重要性
向量的数量积与向量积	虽然两者的名字相差不大，但是在计算的时候却有着天壤之别，数量积是一个数字，而向量积是通过右手法则得到的一个向量	让同学们体会名字相似的东西，也许有着天壤之别，我们要学会看本质

续表

专业知识点	思政素材	思政目标
平面对空间的划分	通过平面，可以把空间分成几个不同的部分，这就像我们每个人都会有自己独立的空间，以及安全距离，在与人接触时，不应该碰触他人的底线，做到友好相处	目前大学生之间的个人矛盾成为了突出问题，通过这个例子的引入，提醒同学们每个人都是有独立空间的，每个人也都是有底线的
平面与空间的关系	举例：篮球是由无数个平面组成的，由此可以引导学生们思考，现在的3D打印技术就是把整个物体分为不同的平面，每次打印其中的一个面，最后再将所有的平面按照一定的规律组合到一起	把平面与3D打印技术联系在一起，让同学们感受科技的力量

9. 多元函数微积分的思政案例

专业知识点	思政素材	思政目标
多元函数的概念	多个自变量	让学生多角度认识事物，不要以偏概全
最值定理	只有当函数 $f(x, y)$ 在有界闭区域 D 上连续的时候，函数才能够取得最大值和最小值。此所谓"没有规矩，不成方圆"，想要画成一个圆，前提就是要有一个不动的定点，通过这个定理让同学们体会到"自律即自由"，一个国家制定的规则包括法律等等都是为了让我们的生活变得越来越美好，从另外一个角度让学生体会社会规则对我们不只是限制，而是帮助	告诉同学们遵守规则的重要性，以养成遵守社会规则的习惯
多元函数的极限	多元函数极限的定义	用极限思想引导学生循序渐进，勇于挑战自我

续表

专业知识点	思政素材	思政目标
偏导数的求导法则	多元函数在进行每一步的求导时，只能对其中的一个变量进行求导，此时其他的变量作为常数来对待。通过这个法则告诉同学们，在做事情的时候应该抓清楚重点，不能"眉毛胡子一把抓"，要分清主次，解决主要矛盾和问题	通过这个法则向同学们渗透做事情的方法，应该有主有次，解决问题时，应该先完成最紧急最重要的任务
全微分的表示	全微分是通过偏导数来表示的，所以在表示全微分之前要先把两个偏导数求出来，因此在做事前，我们也应该做好处理问题的前提准备，打有准备的仗	通过这个案例，告诉同学们做事情之前的提前准备的重要性。"机会属于有准备的人"
复合函数的偏导数	给出求导的链图，讲清等级	做事讲原则，守规矩，守纪律，团队协作
复合函数的偏导数的求法	求复合函数的偏导数首先需要写出它的复合过程，然后再一步步进行求导，所以做事情也应该有章法可循，先做什么再做什么，做事情的顺序很重要	做事情顺序的重要性，不讲规矩，不成方圆
隐函数的偏导数	隐函数的偏导数是一个相对比较难的知识点，在求偏导数时，要先表示出隐函数，然后求出对每个变量的偏导，最后进行比值，就可以得到隐函数的偏导数，所以再难的问题，只要一步一步去做，加上之前的基础，那么遇到的问题也会迎刃而解	不要害怕困难，遇到困难时，只要按部就班地解决，遇到问题就解决问题，那么就能克服困难
多元函数的极大值与最小值之间的关系	多元函数的极大值是在某一个领域内，没有比它更大的点，而多元函数的最大值是在定义域中的最高点。极大值不一定是最大值，"人外有人，天外有天"。我们不能满足于现在的一点点小成绩、小成就，应该去看看外面的世界，开阔自己的眼界	通过定理展示"人外有人，天外有天"的数学描述

续表

专业知识点	思政素材	思政目标
	二重积分的定义中，我们是把积分的区域划分成 n 个小的区域，在每一个小的区域中假定曲面顶为一个平面，进行计算并相加。人生也是如此，我们需要把我们的人生划分为多个不同的时间段，并制订每个时间段的计划，尽全力完成就可以达到我们最终的目标	通过这个案例告诉同学们在有远大目标的同时，也需要制订不同阶段的小目标，然后一步一步达成人生的大目标
二重积分的概念	引入桂林机场 T2 航站楼的建筑图(局部)。 向同学们讲述建造这个航站楼的过程，并且该建筑是曲面顶，从而引出如何计算航站楼体积的问题	激发爱国主义情怀，让同学们在学习的过程中感受中国的伟大
	在化二重积分为累次积分的时候应该注意累次积分的下限必须小于上限，告诉同学们在日常的生活中，我们也应该做到长幼有序，这同时也是我们中国文化传统中一个重要的部分	通过知识点引入中华传统中尊老爱幼的美好部分
二重积分的应用	我国的三峡大坝是当今世界上最大的水力发电工程，根据下面的三峡大坝泄洪图，思考：拦水坝单位时间内通过一曲面从坝的一侧流向另一侧河水的流量该如何计算？ 	以此背景导入，将曲面积分与实际问题相结合，保证知识的趣味性，学生能感受三峡大坝是我国的大国重器，民族的责任感和自豪感得到提升，爱国精神得到进一步培养

续表

专业知识点	思政素材	思政目标
二重积分的应用	学习了重积分的理论之后，给出这样的一个应用题，我国发射了一颗高度 $h=36000$ km 与地球同步轨道的通信卫星，计算该卫星的覆盖面积与地球表面积的比值，通过计算得到卫星覆盖面积与地球表面积之比约为 1/3，于是我们使用三颗相隔 2/3π 角的卫星就可以几乎覆盖地球的全部表面	把学过的理论知识与实际应用问题相结合，激发了学生的学习兴趣，提高学习学生解决实际问题的能力
	二重积分在无线电中也有很大的应用，例如我们国家发射的"新一代"载人飞船就得到了应用	讲述数学在科技发展中的重要性，激发学生科技报国的热情与信心
极坐标	用于定位和导航： 例如，飞机使用极坐标的一个略加修改的版本进行导航。这个系统中是一般的用于导航任何种类中的一个系统，在 0° 射线一般被称为航向 360，并且角度是以顺时针方向继续，而不是逆时针方向，如同在数学系统那样。航向 360 对应地磁北极，而航向 90，180，和 270 分别对应于磁东，南，西。因此，一架飞机向正东方向上航行 5 海里将是在航向 90(空中交通管制读作 090)上航行 5 个单位	利用极坐标的引入开拓同学的视野，激发学生科技报国的热情与信心

10. 矩阵及其应用的思政案例

专业知识点	思政素材	思政目标
矩阵的概念	矩阵理论创立的历史及矩阵发展的过程	培养学生的团队精神和集体意识。更加体会到优越的社会制度对于一个民族、一个国家、一个人的重要性
矩阵发展史	公元一世纪，我国《九章算术》中用矩阵的方法解决实际问题。 1850年，英国数学家西尔维斯特在研究方程的个数与未知量的个数不相同的线性方程组时，由于无法使用行列式，所以引入了矩阵的概念。 1855年，英国数学家凯莱引入了矩阵的概念。定义了矩阵的代数运算、矩阵乘法以及转置阵、对称阵、反对称阵等概念。1878年，德国数学家弗罗伯纽斯引进矩阵秩的概念。19世纪末，矩阵理论体系已基本形成。到20世纪，矩阵理论已经发展成为在物理、控制论、机器人学、生物学、经济学等学科有大量应用的数学分支	培养学生的文化自信，告诉学生人的一生就像一门学科发展的缩影，暂时的领先或落后不能起决定作用，更重要的是现在和未来，激励学生珍惜时光，好好学习

续表

专业知识点	思政素材	思政目标
矩阵的定义	引入某地区的局部交通网络,借助于矩阵的概念,启发学生分析判断单行线设计是合适	城市里穿行的汽车越来越多,道路显得越来越狭窄,我们的出行不再便捷,我们需要改变自身的行为,改变出行的方式——"低碳生活、健康生活、绿色出行"。其实除了绿色出行,低碳生活的方式还有多种:如科学使用各种电器、垃圾分类、少用一次性用品等等。倡导学生低碳生活,爱护地球,保护地球
矩阵的初等变换	对矩阵实施初等变换的过程中得到的各个矩阵,虽然形式上是不一样的,但是它们的秩、对应的线性方程组的解是一样的	通过"形变质不变"的辩证思维,抓住问题的本质,解决问题就能透过繁复的形式;与人交往,透过言行看人品。培养学生透过现象看本质的意识和思维方式
逆矩阵定义的引入	由四则运算的加减乘除,矩阵的加减乘,引入矩阵的"除法"——矩阵的逆	事物之间、事物内部都是有联系的,引导学生用联系、发展的观点看问题
逆矩阵的应用	在密码学里,是用未加密内容相应矩阵乘以一个密钥矩阵,得到最终加密的矩阵收信者,利用逆矩阵求密钥矩阵,还原内容	鼓励学生奋发学习、建设祖国;让学生认识到如今幸福生活的得来不易,要爱祖国、爱人民,强大自己,守卫我们的祖国

续表

专业知识点	思政素材	思政目标
逆矩阵的应用	我国某地方为避开高峰期用电，实行分时段计费，鼓励夜间用电.某地白天（AM8：00—PM11：00）与夜间（PM11：00—AM8：00）的电费标准为 P，若某宿舍两户人某月的用电情况如下： <table><tr><td></td><td>白天</td><td>夜间</td></tr><tr><td>一</td><td>120</td><td>150</td></tr><tr><td>二</td><td>132</td><td>174</td></tr></table> 所交电费 $F=[90.29,101.41]$，问如何用矩阵的运算表示当地的电费标准 P？	结合生活实际学习逆矩阵的应用，提高了同学们的学习兴趣和解决实际问题的能力，并引导学生注意节约用电以及错峰用电
矩阵与行列式的区别	矩阵与行列式虽然形式上很相似，但本质完全不同，行列式本质上是一个值，而矩阵本质上是一个数表	严谨求实的科学态度。引导学生从事物的形式和本质两个方面来把握事物区别，从每一个小细节做起，养成严谨、认真的学习态度，培养严谨求实的科学态度
行列式的计算	行列式的计算方法：对角线法则、依行依列展开、三角形法、降阶法	矛盾的普遍性和特殊性的辩证思维。培养学生根据问题的特殊性能做到具体问题具体分析，而不是千篇一律的用一种方法解决问题

续表

专业知识点	思政素材	思政目标
线性方程组的消元法	线性方程组的增广矩阵的初等行变换等价于中学学习的方程组的消元法的求解过程，但在计算量和书写表达上增广矩阵的初等行变换要简便得多	联系与发展的辩证思维。引导学生发现事物之间的联系，发掘事物的发展。现象与本质的辩证思维。培养学生透过现象抓住事物本质的能力，忽略一些不重要的细枝末节，专注于重要的信息
逆矩阵与线性方程组的解的判定	根据方阵对应的行列式是否为零来判断方阵的可逆性；根据线性方程组的系数矩阵和增广矩阵的秩来判断方程组是否有解	由量定质的辩证思维。引导学生善于运用量变与质变的辩证关系解决问题。量变达到一定程度必然引起质变，培养学生重视量的积累，"不积跬步无以至千里"

11. 概率与数理统计的思政案例

专业知识点	思政素材	思政目标
概率论起源	法国有两位大数学家，一位叫巴斯卡尔，另一位叫费马。巴斯卡尔认识 A 和 B 两个赌徒。一天，A 和 B 两个赌徒向他提出了一个问题：我们下了赌金之后，约定谁先赢满 5 局，谁就获得全部赌金。但是 A 赢了 4 局，B 赢了 3 局，时间很晚了，都不想再赌下去了。那么，这个钱应该怎么分？	通过赌徒的小故事，一方面让学生进一步体会数学来源于生活，与生活的密切联系。另一方面，让学生进一步认识到赌博就是精神的鸦片，不仅危害个人的心灵、意志、身体、家庭和前途，还会影响社会的稳定与和谐。我们要远离黄赌毒

续表

专业知识点	思政素材	思政目标
事件的逆运算	事件的逆：$$\overline{A} = \Omega - A$$ $$\Phi(-x) = 1 - \Phi(x)$$	对立统一的辩证思维。矛盾的对立面在一定条件下可以相互转化，对立的双方存在着由彼达此、由此达彼的桥梁。引导学生认识到好坏、善恶、美丑这些都是矛盾的对立面。一时的坏事可以通过自己的努力变成好事，鼓励学生向着美好的事物努力，培养积极的人生观
否定律	$$\overline{\overline{A}} = A$$	否定之否定的辩证思维。引导学生认识到事物的辩证发展经过第一次否定，只是初步发展；要经过再次发展，即否定之否定，才能得到解决。鼓励学生不要害怕否定，要正确面对否定，否定是人生道路前进的推力
随机事件及其概率	伯努利大数定律表明，在条件完全相同的独立重复试验中，当试验次数 n 无限增大时，事件 A 出现的频率依概率收敛于事件 A 出现的频率。这就从数学上证明了频率的稳定性	让学生认识到必然与偶然的联系，一个人的品质和修养是在平常的一个个微不足道的行为中慢慢形成的，不是一蹴而就的，学习要注意从一点一滴积累

续表

专业知识点	思政素材	思政目标
古典概型	历史上一些著名数学家做抛硬币实验的数据	让学生感受到科学家身上执着的探索精神，求实、求真、实践的精神，在以后的学习和工作中也要向着这些方向努力
条件概率	例：设某地区历史上从某次特大洪水发生以后的 20 年内发生特大洪水的概率为 80%，在 30 年内发生特大洪水的概率为 85%，该地区现已无特大洪水 20 年了，在未来十年内也不会发生特大洪水的概率是多少？	通过洪水案例，引导学生关注 2020 年南方的洪水，新冠疫情尚未结束，洪涝灾害又至，致敬洪水中的逆行者，致敬中国力量。大自然的威力面前，人类的力量是渺小的，引导学生敬畏自然、爱护自然，保护我们的家园
古典概率与条件概率	彩票问题： 　一张彩票的中奖机会有多少呢？让我们以英国彩票为例来计算一下。英国彩票的规则是 49 选 6，即在 1 至 49 的 49 个号码中选 6 个号码。买一张彩票，你只需要选六个号、花 1 英镑而已。在每一轮，有一个专门的摇奖机随机摇出 6 个标有数字的小球，如果 6 个小球的数字都被你选中了，你就获得了头等奖。可是，当我们计算一下在 49 个数字中随意组合其中 6 个数字的方法有多少种时，我们会吓一大跳：从 49 个数中选 6 个数的组合有 13983816 种方法！	引导学生在购买彩票时，一定要理性对待，做事情一定不要投机取巧，而要脚踏实地，努力奋斗，才能实现自己的目标

续表

专业知识点	思政素材	思政目标
乘法公式	抽签问题	抽签表面上看起来是先抽的占优势，但通过计算发现每个抽签的机会都是均等的，引导学生认识到直觉不可靠，我们要学会用全局的、联系的眼光看问题
完备事件组	概率树包括根、枝、节点和末梢，用概率树表示随机事件时，"根"表示随机试验 E，第一层的"节点"表示随机试验 E 的每一个基本事件，第二层的"节点"表示在第一层的节点已经发生的条件下，出现的实验结果；以此类推，直至表示完整个实验的过程及结果。在每一个节点处，分支节点所表示的事件应是互不相容的，且同一节点处分支节点所表示事件的概率和等于 1	找出完备事件组是应用全概率公式和贝叶斯公式解决问题的一个难点，借助概率树，利用数形结合的思想，一是能更准确更快速地解决问题，事半功倍；二是培养学生科学的思维方式、思考方法，引导学生理性思考、尊重科学
全概率公式的应用	例：某大学管理学院和政法学院的女生都抱怨"男生录取率比女生的高"，有性别歧视。已知管理学院女生的申报人数为 100 人，录取率为 49%，政法学院女生的申报人数为 20 人，录取率为 5%；管理学院男生的申报人数为 20 人，录取率为 75%，政法学院男生的申报人数为 100 人，录取率为 10%。男生录取率和女生录取率哪个更高？	辛普森悖论：从与学生息息相关的录取问题入手，得到一个跟大家直觉截然相反的结论，引导学生思考，得到这个结论是因为数据可以用各种各样的方式分类、归总，再比较，因此存在着无限变化的可能。在大数据时代，我们要警惕这种无限变化，它有利有弊，引导学生不要笼统、表面地看问题

续表

专业知识点	思政素材	思政目标
贝叶斯公式的应用	由医学统计分析数据可知：某地区人群中感染艾滋病的人数占总人数的 0.1%。一种血液化验以 100% 的概率将感染的人检查出呈阳性，但也以 2% 的概率误将未感染的人检查出呈阳性。现某人一次检查出呈阳性反应，他被感染的概率是多少？	引导学生认识到在生活中遇到一些问题，不应该反应过度，因为事情可能并没有想象的那么糟，我们需要做的是大胆假设，小心求证，不断调整自己的看法，先行动起来，而不是干等着，白白错过机会。要用积极乐观的态度面对困难、挫折。同时也要对自己的行为负责任，支持国家制定的艾滋病防治规划
	诸侯认为点燃烽火时有敌国来犯的可信度为 0.99，有敌国来犯时，周幽王戏弄诸侯的概率为 0.001，无敌国来犯时，周幽王戏弄诸侯的概率为 0.01，问周幽王戏弄诸侯之后，诸侯认为点烽火时有敌国来犯的可信度？	告诫学生"防微杜渐"，一个小错误犯一次问题看起来不大，但若不及时改正，就有可能会酿成大错，甚至要以生命为代价；教育学生要做一个有诚信的人
事件的独立性	例：（三个臭皮匠顶个诸葛亮）已知诸葛亮解决问题的概率为 0.8，臭皮匠老大解决问题的概率为 0.5，臭皮匠老二解决问题的概率为 0.45，臭皮匠老三解决问题的概率为 0.4，先他们分成两组进行比赛，诸葛亮一组，臭皮匠一组，哪组解决问题的概率大？	通过三个臭皮匠顶个诸葛亮的文化术语，引导学生进一步认识到团结的重要性，没有最厉害的个人，只有最厉害的团队，培养学生团队合作意识、集体意识，认识到众人力量的强大

续表

专业知识点	思政素材	思政目标
n 重伯努利概型	假设在 n 重伯努利试验中，每次试验中事件 A 发生的概率为 $p(0<p<1)$，设 $$A_k = \{\text{事件 A 在第 } k \text{ 次发生}, k = 1, 2, \cdots\}$$ 则事件 A 至少发生一次的概率为 $$P(A_1 + \cdots + A_n) = 1 - P(\overline{A_1}) \cdots P(\overline{A_n})$$ $$= 1 - (1-p)^n \to 1$$ 无论 p 如何小，只要不断重复做实验，A 迟早会发生	哪怕成功的概率很小，只要坚持下去，成功也几乎成为必然。只要功夫深铁杵磨成针，鼓励学生在学习和生活上都要有恒心、有毅力
离散型随机变量——泊松分布	泊松分布在生活中的应用十分广泛，历史上应用泊松分布最著名的例子发生在第二次世界大战： 在 1944 年东线战役苏军成大反攻局面，德国崩溃已经指日可待，此后英美在西线发动诺曼底战役。但是在英美盟军准备强行登陆诺曼底之前发生了有趣的小插曲。作战部队在加莱滩头遭到德军炮弹如同外科手术般的精准打击。希特勒又宣称研制出了导弹，这使得英美军统帅部陷入了深深的忧虑，害怕德军真的掌握了导弹技术，部队将面临重大伤亡，甚至导致诺曼底登陆夭折。科学，是科学在这个关键时刻发挥了关键作用，几个数学家研究了德军弹着点后，发现这正是泊松分布，于是对美军司令打包票说你们尽管登陆。果不其然，随后的行动证明了德军根本没有导弹技术，之前的命中只是运气好。几个数学家用一点知识就缩短了战争进程，避免了至少几百万军人和平民的无谓牺牲	引导学生进一步认识到科学的重要性，一个国家要想强大，人民要想和平地生活，就必须要掌握最前沿、最尖端的科学。引导学生认真学习，强大自我

续表

专业知识点	思政素材	思政目标
随机变量的分布函数	离散型随机变量、连续型随机变量的分布函数都是分段函数，且函数的第一段函数值为零，最后一段函数值为1。它与概率的规范性是一致的	生活中处处有规则，社会秩序需要规则来维持，法律就是维护社会安定有序的规则，引导学生认识规则，掌握规则，合理地利用规则
期望与方差	2020年是脱贫攻坚决战决胜之年，脱贫是为了消除贫困，减少贫富差距，提高平均生活水平，逐步实现共同富裕。其中的"平均生活水平"与"贫富差距"就是数学期望与方差概念的诠释	引导学生通过数学期望和方差的有关知识分析解读脱贫攻坚政策，使学生更好地理解国家的大政方针，感受我国社会主义制度的优越性，增强爱国情怀，增强"四个自信"
数学期望的应用	（一种验血新技术）在一个 $N = 1000$ 人的团体中普查某种疾病，为此要检验1000个人的血，可以用两种方法进行： （1）将每个人的血分别去验，这就需验1000次； （2）按 k 个人一组分成若干组，把从每组的 k 个人抽来的血混合在一起进行检验，如果这个混合血液呈阴性反应，就说明 k 个人的血都呈阴性反应，那么，这 k 个人的血就只需验一次。若混合血液呈阳性，则需再对这 k 个人的血液分别进行化验。假设每个人化验呈阳性的概率为 $p = 0.1$，且这些人的试验反应是相互独立的。 最终通过计算可以得出，要化验1000个人的血液，只需要化验564次就可以，这大大地减少了总的化验次数	通过这个数学期望在现实生活中的应用，让同学们体会数学应用的重要性，同时，结合疫情中核酸检测，激发学生的爱国情怀

续表

专业知识点	思政素材	思政目标
抽样分布	统计学的方法是进行抽样，得到样本，利用样本提供的信息对总体的未知参数进行推断，其中样本的准确性十分重要	引导学生从样本的重要性认识到工作、学习都需要严谨求真的务实态度
参数估计	第二次世界大战时期，德国正在大规模地生产坦克，盟军想要知道他们每个月的坦克产量。为了了解这个信息，盟军采取了两种方法：一种是根据情报人员刺探的消息而得到；另一种是根据盟军发现和截获的德国坦克数据，用统计分析办法得到。根据第一种方法得到的情报，德军坦克每个月的产量大约有1400辆，但根据概率统计推断的方法，预计的数量只有数百辆。第二次世界大战之后，盟军对德国的坦克生产记录进行了检查，发现统计方法预测的答案令人惊讶地与事实符合，统计学家是怎么做到这点的呢？	利用二战盟军对德国坦克数量的估计问题引入参数估计，引导学生感受知识的力量是多么强大，祖国的富强、和平是得来不易的，我们应该努力学习、继往开来
	简介我国在概率论研究方面的先驱——许宝騄教授。许教授在参数估计理论、假设检验理论、多元分析等方面取得了卓越成就，并且是世界公认的多元统计分析的奠基人之一。他曾在英国伦敦大学学院留学并任教，但他心怀祖国，学有所成后，就决心回国效力	以前辈献身祖国、献身科学的精神，增强学生的民族自豪感和文化自信，激励学生为祖国的繁荣富强和中国梦的实现而努力学习
	利用已知的样本结果，反推最有可能导致这个结果的参数值	部分与整体之间的辩证关系。引导学生认识到很多时候不能直接得到整体，但只要抓住了关键部分，在一定条件下就可以决定整体

续表

专业知识点	思政素材	思政目标
最大似然估计	买葡萄问题： $P\{$尝到酸葡萄 | 甜葡萄$\} = 0.01$ $P\{$尝到酸葡萄 | 酸葡萄$\} = 0.99$ 人们的第一印象是："品种最像是酸葡萄"，"最像"就是"最大似然之意"，这种想法称为"最大似然原理"	概率论只不过是把常识用数学公式表达了出来，学好概率，让生活更便捷、智慧
	简介拉普拉斯	励志成才教育
	某同学与一位猎人一起外出打猎。一只野兔从前方窜过，两人同时开枪，野兔应声倒下。如果要你推测是谁打中的，你会怎么想？ 一般人都会想，只发一枪便打中，猎人命中的概率大于这位同学命中的概率，看来这一枪是猎人命中的	引导学生认识到最大似然估计的思想在生活中处处存在，人们会选择最大的可能性，而忽略小概率的样本，我们应该努力让自己成为那个最大概率出现的样本
估计量优良性标准	同一个参数，用不同的方法，可得到不同的估计量，主要从无偏性、有效性、相合性三个标准来判断哪个估计量好	精益求精的工匠精神。对数据进行处理、分析时要从多个标准去判断，做到精益求精，引导学生感受、学习这种工匠精神
参数的区间估计	由于参数的点估计存在缺陷：无从断定估计值是否为待估参数的真实值；不能把握估计值与参数真实值的偏离程度即估计的可靠程度，于是数学家进一步研究得到参数的区间估计，提高估计值的精度和可靠程度	引导学生从参数估计的发展感受到科学家追求真理、勇攀高峰的精神，鼓励学生静心学习、潜心钻研，树立正确的学习观

续表

专业知识点	思政素材	思政目标
假设检验	假设检验的一般思想是"小概率原理"，即一个小概率事件在一次试验中不太可能发生，但当试验的次数无限增多时，不太可能发生的小概率事件又会转化为几乎会发生的必然结果	量的积累到质的变化的辩证思维。让学生认识到一点一滴的积累的可行性、重要性，把握机会，好好学习
	假设检验：一方面告诉你推断的结论，另一方面告诉你检验可能犯错误	看问题不可绝对化的辩证思维。引导学生认识到世间万物很少有绝对的，凡事不可苛求百分之百，不可钻牛角尖

四、课程思政视角下的课程标准

1. 课程性质与任务

"高等数学"是理工与经管类各专业的一门工具课程，也是高职院校的素质教育中培养学生成为合格的自然人和职业人发展需求的通识课程。

"高等数学"课程主要在高等职业教育培养目标的指导下，根据各专业的培养目标、人才培养模式和模块化培养方案的要求，以职业岗位所需的知识、能力、素质要求和职业实践过程为依据，通过教学，培养学生的数学意识、数学运算、数学思维、数学应用和数学创新等各种能力，使他们具有良好的数学素养；运用"模块、案例一体化"的教学思想，即案例教学法，努力实现数学知识模块与专业案例的融合，缩短数学与专业课间的距离，突出数学知识在工科与经管类各专业中的应用性与实践性；解决数学知识的应用性、实用性及学生的可持续发展问题，为下一步学习专业课程奠定坚实的基础。

同时，通过对数学软件的学习和使用，提高了学生的计算能力和思维能力，突出了职业教育对学生应用能力的培养。

作为工具课程，是学生学习专业课的基础工具，是培养学生理性思维、创新思维、分析和解决实际问题能力的重要载体。对学生素质的培养和后续专业课程的学习都起着重要的作用。理工与经管类各专业主干课程的学习都必须借助于一定的数学知识做基础，许多专业问题归根结底是数学问题。为此，高等数学课教学内容的选取与确立，以应用为目的，坚持"必需、够用为度"，遵循"突出思想分析，立足能力培养，强化实际应用"的原则，体现"掌握知识，培养能力，提高素质"的高职教育特色。

作为通识课程，在传授知识、培养能力的过程中，要把做人做事的基本道理、把社会主义核心价值观的要求、把实现民族复兴的理想和责任，像盐溶解到各种食物中那样，融入到教学之中，让学生自然而然地吸收，实现对他们的价值塑造，帮助他们树立正确的世界观、人生观和价值观，使他们成为合格的社会主义建设者和接班人。

2. 课程教学目标

（1）总体目标

本课程的总目标是使学生从知识、能力、素质三方面得到基本训练与提升，不仅使学生掌握应用高等数学的基础知识和基本技能，为后续课程的学习打下扎实的基础，而且使学生掌握数学的思维方式和特点，结合现代数学软件工具，培养学生应用数学的能力。引导学生深入社会实践、关注现实问题，培养学生经世济民、诚实服务、诚实做人、德法兼修的职业素养。

数学作为一种文化课程，注重以文化人。本课程的内容、思想、方法和语言是现代文明的重要组成部分。数学语言的简洁、规范、深远和标准可以让学生在不知不觉中受到美的熏陶，在潜移默化中培养高尚的情操。同时，数学史作为数学文化的一部分，数学史（函数发展史、微积分发展史以及数学家的成功经历，比如：微积分中的许多公式、定理是用数学家的名字来命名的，如牛顿-莱布尼茨公式、拉格朗日中值定理、罗尔定理、柯西定理、洛必达法则、克莱姆法则、傅里叶级数等)的融入可以勉励学生刻苦学习，培养他们知难而上的科学探究精神，激发他们科技报国的家国情怀和使命担当。

（2）知识目标

① 能够建立实际问题的函数关系、计算函数的极限、理解函数的连续性。

② 能够深刻理解导数与微分，应用导数与微分知识解决实际问题。

③ 理解不定积分与定积分的基本概念，能够熟练计算不定积分与定积分，应用积分知识解决实际问题。

④ 能够灵活求解常微分方程，应用常微分方程知识解决实际问题。

⑤ 能够全面理解无穷级数，应用级数知识解决实际问题。

⑥ 能够自觉运用向量代数研究空间解析几何，应用空间解析几何知识解决实际问题。

⑦ 能够熟练计算矩阵与行列式，应用矩阵与行列式知识解决实际问题。

⑧ 能够深刻理解概率与统计，应用概率与统计知识解决实际问题。

（3）能力目标

① 使学生树立明确的"数量"观念，做到"胸中有数"，会认真分析事物的数量方面及其变化规律。

② 使学生了解数学概念、数学思想以及数学方法产生和发展的渊源，提高他们运用数学知识处理专业与实际生活中各种问题的意识、信念和能力。

③ 提高学生的逻辑思维能力，使他们思路清晰，条理分明，能有

条不紊地处理头绪纷繁的各项工作。

④ 提高学生的抽象思维能力，面对错综复杂的现象，能抓住主要矛盾，突出事物的本质，有效地解决问题。

⑤ 调动学生的探索精神和创造力，使他们自觉应用所学知识，创造性地解决实际问题，从而激发创造热情与创造兴趣。

（4）素质目标

① 通过简介数学和科技的发展进步史、介绍火箭升空的模型等，让学生了解数学是科学技术发展的基础；通过介绍中国古代数学家及其数学成就，激发学生的爱国热情，培养学生的民族自尊心和自豪感。

② 通过数学教学中函数极限的有限与无限、矩阵的可逆与不可逆关系、向量组的线性相关和线性无关关系、方程组的有解与无解关系、事件的逆运算 $\bar{A}=\Omega-A$ 等知识点，引导学生认识到事物矛盾的对立面都是相互依赖、相互影响，在一定条件下可以相互转化，培养学生认识事物看待问题"对立统一"的辩证思维。

③ 通过蜗牛爬绳、频率与概率的关系、"小概率事件"原理、伯努利试验等问题讨论，让学生认识到必然与偶然的联系，一个人的品质和修养是在平常的一个个微不足道的行为中慢慢形成的，不是一蹴而就的，引导学生体悟蜗牛的精神，注重平时积累，培养学生认识事物看待问题"量变到质变"的哲学思想。

④ 通过田忌赛马、烽火戏诸侯、艾滋病检验案例及水利专业案例等，引导学生对生活中的现象和数据进行思考，引导学生不要笼统、表面地看问题，而应深入进去，培养学生透过问题看本质，领悟生活处处皆学问，生活处处皆数学的思想。

⑤ 通过函数凹凸性、函数单调区间等知识点，让学生感悟人生，起起落落是必然的，是成长的需要；通过函数的有界性等知识点，教育学生做人有原则，有底线，守规矩。培养学生做事要勇于挑战极限、勇于探索、敢于创新的思想意识和不惧失败的优秀品质。

⑥ 通过历史上一些著名数学家科研故事，如抛硬币实验的数据、圆周率的计算等，让学生感受到科学家身上执着的探索精神，求实、求真、实践的精神，培养学生在以后的学习和工作中也要有坚持不懈的毅力和勇登高峰的勇气。

⑦ 通过事件的独立性的应用——三个臭皮匠顶个诸葛亮等案例，引导学生进一步认识到团结的重要性，培养学生团队合作意识、集体意识，看待认识问题从多角度思考意识。

⑧ 通过展示典型的极坐标图像(如阿基米德曲线、心形曲线等)、多元函数的图像(如：心形，海螺型等)、黄金分割点、函数对称性等问题讨论，让学生体会生活中的数学美，培养提升学生的审美观和审美能力。

⑨ 通过函数的有界性、渐近线、脱贫攻坚战中"平均生活水平"与"贫富差距"等问题的讨论，引导学生通过数学知识分析解读国家的大政方针政策，引导学生更好地理解，感受我国社会主义制度的优越性，培养学生爱国主义思想。

3. 参考学时

60~180 学时(各专业根据培养目标确定)。

4. 课程内容和要求

本着"以能力为本位"的培养目标，强调教学内容"精细、实用"，使本课程真正成为学生学习专业课的工具。同时，本课程意在提高学生的数学素养，为他们的终身可持续发展奠定良好的基础。为此，将大学数学课程内容与思想政治教育有机结合起来，充分融入数学知识的思政元素，潜移默化地实现课程育人，为培养理想信念坚定、德技并修、全面发展，具有一定的科学文化水平、良好的职业道德和工匠精神、较强的就业创业能力的高素质技术技能人才做出贡献。

各学习项目的主要教学内容(包括重点、难点、教学模式)、育人目标叙述如下：

学习项目 1：函数、极限与连续（14 学时）

（1）教学内容

① 函数：函数的概念、分段函数及其实际应用、函数的几种特性、反函数、基本初等函数、复合函数、初等函数、建立函数关系。

② 极限的概念：数列的极限、函数的极限。

③ 极限的运算法则：极限的四则运算法则及其应用计算。

④ 两个重要极限：极限存在的准则、两个重要极限及其应用计算。

⑤ 无穷小量与无穷大量：无穷小量与无穷大量的概念和性质。

⑥ 无穷小量的比较：无穷小量的比较、等价无穷小量替换定理及其应用计算。

⑦ 函数的连续性：连续函数的概念、初等函数的连续性、函数的间断点及分类、连续函数在闭区间上的性质。

重点：函数的极限和连续性；复合函数的复合过程。

难点：函数的极限和连续性概念的理解。

教学模式：综合运用讲授法、案例驱动法、问答法、讨论法、讲练结合法、教学一体等教学方法。

（2）育人目标

① 通过简介函数的概念和发展史，让学生知道我们国家关于函数的概念研究比较落后，也告诉学生"落后就要挨打"，培养学生的民族自信心与爱国情感。

② 通过分段函数在实际生活中应用，引导学生学会主动观察社会，深入社会，关注现实问题，培养学生经世济民。

③ 通过反函数存在的条件，教育学生守法、责任、担当。

④ 通过函数的周期性教育学生珍惜大学生活，不负韶华。

⑤ 通过函数的图像，让学生感悟人生，起起落落是必然的，是成长的需要，跌入低谷不放弃，仡立高峰不张扬，低谷与高峰只是人生

路上的一个转折点。通过函数的有界性，教育学生做事有原则，有底线，不守规矩，难成方圆。同时，要勇于挑战极限，挑战不可能。

⑥ 通过函数的有界性，引出钓鱼岛问题，培养学生的爱国主义思想。

⑦ 极限思想学习中，通过简介刘徽提出的"割圆术"培养学生的民族自信心与民族自豪感。

⑧ 极限思想中无限是有限的发展，有限是无限的结果，是对立统一的。极限蕴含了哲学的三大基本规律，通过学习极限培养学生的哲学思想，提高学生的哲学素养。

⑨ 提高比较数列极限与函数的异同，引导学生全面、多角度分析问题。

⑩ 讲解函数 $f(x)$ 当 x 趋向无穷时的极限为 A 时，激励学生极限值 A 就像是代表我们的人生目标，x 代表为此目标所做的不懈努力和奋斗，培养学生追求卓越的工匠精神。

⑪ 学习极限的除法运算，引导学生步步逼近，不言放弃，不畏艰难，勇于攀登。

⑫ 学习第二个重要极限时，简介欧拉，勉励学生励志成才，并通过该极限的应用，引导学生懂得自我约束和理性消费，远离校园贷。

⑬ 通过无穷小比较的五种结果，告诫学生谦虚谨慎，三人行，必有我师。

⑭ 通过比较无穷小量与无穷大量，得出相对论、辩证统一的思想。

⑮ 通过无穷大的概念，教育学生遇事要反正两个方面看问题，学会换位思考，尝试理解别人、宽容别人。

⑯ 通过函数连续的定义教育学生知识的积累，不要急于求成，要脚踏实地。

学习项目 2：导数与微分（14 学时）

（1）教学内容

① 导数的概念：导数的定义、导数的求法、导数的几何意义与物理意义、可导与连续的关系。

② 函数的求导法则：反函数求导法则、导数的四则运算法则、复合函数的求导法则、基本初等函数的求导公式及其应用计算。

③ 隐函数及由参数方程确定的函数的导数：隐函数的导数、由参数方程确定的函数的导数、对数求导法。

④ 高阶导数：函数的 n 阶导数。

⑤ 函数的微分：微分的定义、微分的几何意义、微分的基本公式及四则运算法则、微分在近似计算中的应用。

重点：求初等函数的导数、微分。

难点：函数导数、微分的定义、几何意义及应用。

教学模式：综合运用讲授法、案例驱动法、问答法、讨论法、讲练结合法、教学一体等教学方法。

（2）育人目标

① 通过一组图片形象解释可导与连续的关系，进而引导学生遵守社会公德。

② 通过参数方程确定函数的求导，告诫学生会有多重角色，老师的学生、父母的孩子，将来是公司的职员，每一种角色有不同的责任。告诉学生：责任、担当、珍惜大学生活。

③ 高阶导数的求法，千里之行始于足下，做任何事情都要一步一个脚印，没有捷径可寻，更不能一蹴而就。

④ 通过一个水利专业案例讲解微分的应用，激发学生科技报国的家国情怀和使命担当。

学习项目 3：导数的应用（12 学时）

（1）教学内容

① 中值定理：罗尔定理、拉格朗日中值定理。

② 洛必达法则：会求 $\dfrac{0}{0}$、$\dfrac{\infty}{\infty}$ 及其他型未定式的极限。

③ 函数的单调性与极值：函数单调性的判别方法、函数的极值与求法及其应用计算。

④ 函数的最大值与最小值：函数最值的求法与步骤、函数最值应用举例。

⑤ 曲线的凹凸性与函数图形的描绘：曲线的凹凸性与拐点、曲线的渐近线、函数图形的描绘。

＊⑥ 平面曲线的曲率：曲线的曲率的概念、曲率的计算公式、曲率圆和曲率半径及其应用计算。

重点：函数的极值、函数的最大值与最小值。

难点：求实际问题中函数的最大值与最小值；函数图像的描绘。

教学模式：综合运用讲授法、案例驱动法、问答法、讨论法、讲练结合法、教学一体等教学方法。

（2）育人目标

① 通过简述拉格朗日坎坷的生平，让学生树立坚强的意志，不要被一时的挫折和困难所击败，要学会在困难面前不妥协不放弃，在失败的基础上更加努力而实现自己理想。

② 通过三个中值定理作者所处环境的剖析，让学生切实感受到国强方能民安，鼓励同学们抓住我们这太平盛世的黄金时光，努力学习，将来为维护这盛世时光而贡献自己的力量。

③ 通过阐述洛必达法则的前因后果，使学生明白洛必达法则实际上是伯努利的作品，但在洛必达有生之年伯努利却没有去认领成果，体现了一种契约精神和遵守承诺的人格品质，同学们在学习、工作、生活中一定要诚实守信，一诺千金。

④ 通过函数单调区间的讲解，使学生明白人生的轨迹像极了函数的单调性，有时递增有时递减，起起伏伏，分界点就是转折点，最困难的时刻往往就是转折点，以此教育学生要正确面对人生的每个阶段，坦然面对生活中的沟沟坎坎。

⑤ 通过渐近线是函数不可触碰的底线，引申到一个人，一个国家，一个民族都是有不可触碰的底线，人与人的交往，国与国的交往都彼此尊重对方，遵守对方的底线，和平共处，只有这样才能共赢，才能共同发展。

学习项目4：不定积分与定积分（22学时）

（1）教学内容

① 不定积分的概念：原函数的概念、不定积分的概念、不定积分与微分的关系、不定积分的几何意义。

② 积分的基本公式和性质：积分的基本公式、不定积分的运算性质、直接积分法及其应用计算。

③ 换元积分法：第一类换元积分法、第二类换元积分法及其应用计算。

④ 分部积分法：分部积分法及其应用计算。

⑤ 定积分的概念与性质：定积分的概念、定积分的几何意义、定积分的性质及其应用。

⑥ 微积分的基本公式：变上限的定积分、牛顿－莱布尼茨公式及其应用计算。

⑦ 定积分的换元积分法：定积分的换元积分法及其应用计算。

⑧ 定积分的分部积分法：定积分的分部积分法及其应用计算。

＊⑨ 广义积分：无穷区间上的广义积分与无界函数的广义积分及其应用计算。

重点：求函数的不定积分和定积分。

难点：定积分的概念；换元积分法与分部积分法的灵活运用。

教学模式：综合运用讲授法、案例驱动法、问答法、讨论法、讲练结合法、教学一体等教学方法。

（2）育人目标

① 通过分部积分法，使学生知道我们在处理任何问题时要注意灵活多变，随时转换思路，只有这样，才能应对千变万化的局面。

② 通过定积分的无穷累加的思想，使学生能知道不积跬步，无以至千里；不积小流，无以成江海，只有你脚踏实地，不断积累，理想才会最终实现．

③ 通过阿基米德螺线面积的计算，让学生知晓不受外界千变万化的影响，而要恪守自己的初心，就像伯努利对等角螺线的评价：纵然改变，依然故我。

④ 通过心形线的学习，教育学生：心形线的背后是一个美丽的爱情故事，希望同学们也像笛卡儿一样通过自己的努力而赢得爱情，赢得人生，而不要浪费青春好时光。端正自己的爱情观。

＊学习项目 5：定积分的应用（6 学时）

（1）教学内容

① 定积分的微元法：微元法的基本思想、概念和应用步骤。

② 平面图形的面积：直角坐标系中平面图形的面积、参数方程表示的平面图形的面积的求法。

③ 立体的体积：旋转体的体积、已知平行截面面积求其立体的体积的求法。

④ 平面曲线的弧长：直角坐标系中平面曲线的弧长、参数方程表示的平面曲线的弧长的计算与应用。

⑤ 函数的平均值：函数的平均值的求法及其应用计算。

＊⑥ 定积分在物理上应用：变力所做的功、液体的压力。

重点：定积分的微元法。

难点：定积分在几何上的应用。

教学模式：综合运用讲授法、案例驱动法、问答法、讨论法、讲练结合法、教学一体等教学方法。

（2）育人目标

① 通过介绍中国数学家刘徽创立了"割圆术"激发学生的民族自尊心和自豪感。

② 在使用微元法求面积或体积时，先求一个面积或体积微元，再

求定积分求整个面积与体积。引导学生学习只有把基础打好了，打牢了，后面的知识才能学好。

③ 通过利用定积分计算刹车距离的实际案例告诉大家，如果在比较高的速度刹车，那将需要更长的刹车距离，所以即便开车技术再好，也要时刻保持警惕，控制速度，保障安全。

④ 通过引入数学家阿基米德，教育引导学生努力学习科学文化知识，为国家繁荣富强贡献力量。

⑤ 计算阿基米德螺线面积，教育学生养成勤思考的习惯，不论外面的环境怎样改变，要保持自己努力的特性不改变，并引导学生来欣赏曲线的美学价值。

⑥ 通过定积分的应用画心形线。引导同学们也像笛卡儿一样通过自己的努力而赢得爱情，赢得人生，而不要浪费青春好时光。

⑦ 通过定积分的应用利用摆线生产减速机教育引导学生要勤于思考，把学到的知识应用于实践，为人类、为国家、为民族做出自己的贡献，不虚度人生。

⑧ 通过用定积分计算气体压力做功，指出发动机的研发是中国的一个短板，引导同学们努力学习，将来能够将这一短板补齐，助力中国。

⑨ 通过将微元法的应用、定积分的应用与专业实际相结合，保证知识的趣味性，将知识迁移到实际问题中，让学生能感受到知识的实用性，引导学生积极主动去探索并解决问题。

⑩ 通过曲率的学习，让学生认识到弯曲程度的大小与圆的半径没有关系，而是与曲率有关的。引导学生注意做事情时一定不能被事物的表面现象所左右，而要究其本质，只有这样才能找到解决问题的关键所在。

＊学习项目 6：常微分方程（12 学时）

（1）教学内容

① 微分方程的基本概念：微分方程、常微分方程、微分方程的

阶、微分方程的解、微分方程的通解、微分方程的特解和初始条件。

② 一阶微分方程：可分离变量的一阶微分方程、一阶线性微分方程及其应用计算。

③ 特殊的可降阶的微分方程的解法。

④ 二阶线性微分方程：二阶线性齐次微分方程解的结构、二阶常系数线性齐次微分方程的解法、二阶常系数线性非齐次微分方程的解法及其应用计算。

重点：一阶微分方程的解法和几种简单的二阶微分方程的解法。

难点：二阶线性微分方程解的结构及求法。

教学模式：综合运用讲授法、案例驱动法、问答法、讨论法、讲练结合法、教学一体等教学方法。

（2）育人目标

① 通过微分方程的应用引出火箭升空的模型，进而介绍中国的科技成果，激发学生的爱国热情，增强学生的民族自尊心和自豪感。激励学生为国家而努力学习的斗志和精神。

② 通过引入数学家莱布尼茨的故事，引导学生树立正确的价值观，数学家莱布尼茨，不仅在学术方面有巨大的成就，并且热爱祖国，他心系国家的爱国品质，非常值得同学们学习。

③ 通过把微分方程编成生活中的小故事，把思想教育融入教学，既有利于记忆，又能调动学生们的学习兴趣。

④ 讲解可分离变量的微分方程时，把分离变量比作交朋友物以类聚、人以群分，引导学生交朋友时要交正能量的朋友，积极向上，不要误入歧途。

⑤ 通过学习用常数变易法求解一阶线性非齐次微分方程的通解，引导学生在学习或生活过程中要遵循事物发展的规律由简到繁，一步一个脚印，先掌握简单再掌握难的。

⑥ 通过将微分方程的应用与生活实际相结合，保证知识的趣味性，将知识迁移到实际问题中，学生能感受到知识的实用性，积极主

动去探索并解决问题。引导学生要遵纪守法,任何时候做事不要冲动。

⑦ 通过可分离变量的微分方程的应用,结合生活实际情况,引导学生注意环保,防治水污染问题。

⑧ 通过常微分方程的应用——水瓶保温测试问题,提高同学们解决实际问题的能力,激发学生的学习兴趣,引导学生努力学习科学文化知识,利用科学知识提高做事效率。

⑨ 在学习特殊的可降阶的常微分方程时,利用变量的代换把二阶微分方程转化为一阶微分方程,引导学生在学习生活过程中学会化繁为简,遇事灵活处理,能达到事半功倍的效果。

*学习项目7:无穷级数(12学时)

(1)教学内容

① 常数项级数的概念与性质:常数项级数的概念、基本性质。

② 数项级数的敛散性判别法:收敛的基本定理、正项级数的收敛判别法、交错级数、绝对收敛与条件收敛。

③ 幂级数:函数项级数的一般概念、幂级数的收敛半径与收敛区间、幂级数的运算。

④ 函数展开成幂级数:泰勒定理、麦克劳林定理、把函数展开成幂级数。

重点:正项级数收敛判别法、幂级数的收敛半径及收敛区间、把函数展开成幂级数。

难点:收敛的基本定理、绝对收敛与条件收敛、用直接展开法将函数展开成幂级数。

教学模式:综合运用讲授法、案例驱动法、问答法、讨论法、讲练结合法、教学一体等教学方法。

(2)育人目标

① 通过蜗牛爬绳的案例,引导出调和级数里蕴含着蜗牛的精神,蜗牛虽然走得慢,可它不放弃,继续往前走,相信总会看到希望。这

也是愚公精神，积微方能成著。

②通过级数收敛与发散的学习，让学生进一步感受到哲学中的量变与质变的关系。从而启发学生每天努力一点点，短时间可能没看出自己有多大进步，但是日积月累，就会发生质的改变，让学生体会到任何事情都不可半途而废。

③通过用泰勒级数进行近似计算教育学生：做事情要有取，有舍，只有舍弃那些非根本的、不是特别重要的，才能全力以赴我们的主要问题、主要目标，才能实现心中的理想。

④通过泰勒创作的历程让学生懂得：每个人必须热爱劳动，必须参与到生产实际中才能锻炼自己、成长自己、发展自己，才会取得让人瞩目的成果。

＊学习项目8：向量代数与空间解析几何（14学时）

（1）教学内容

①二阶及三阶行列式空间直角坐标系：二阶及三阶行列式、空间直角坐标系、空间两点间的距离公式及其应用计算。

②向量及其坐标表示法：空间向量的概念及其线性运算、向量的坐标表示及其应用计算。

③向量的数量积与向量积：两向量的数量积、两向量的向量积及其应用计算。

④平面及其方程：空间平面的点法式方程、平面的一般方程、两平面的夹角及其应用计算。

⑤空间直线及其方程：空间直线的点向式方程和参数方程、直线的两点式方程、直线的一般方程、两直线的夹角及其应用计算。

⑥二次曲面与空间曲线：曲面方程的概念、常见的二次曲面及其方程、空间曲线的方程及其应用计算。

重点：向量的数量积、向量积的计算；求平面和空间直线的方程。

难点：空间曲线与几种简单曲面。

教学模式：综合运用讲授法、案例驱动法、问答法、讨论法、讲练结合法、教学一体等教学方法。

（2）育人目标

① 通过三阶行列式的计算方法，提醒同学们在做事情的时候也需要面面俱到，每个细节都考虑到，才能把事情做得全面。

② 向量的两个特性：大小、方向，我们的人生也应该像向量一样，有明确的方向，并且做足够的努力，同学们也应该有自己的目标和自己的规划。

③ 学习平面的方程时，引入平面的用途，现在的 3D 打印技术就是先将物体分为多个平面，然后通过一定的方式罗列起来。通过科技的发展，建立同学们的民族自豪感。

④ 学习平面概念时，引入经典问题：用同名正多边形覆盖平面会有多少种情况，这个问题的答案可以在工程上得到应用，以便节省用料，达到较好的视觉效果，引导学生思考生活中数学的应用。

⑤ 在计算两个平面形成的二面角的大小时，利用他们的法向量来间接计算是最简单的方法，所以我们要学会利用间接思维来解决问题，也许会对我们处理问题大有帮助，让同学们形成找问题解决方法的习惯。

⑥ 介绍知识的进阶：一维的数轴，到二维的直角坐标系，再到三维的空间直角坐标系，一步步贴近我们的生活，通过这个过渡让同学们体会学习是一个渐进的过程，我们国家也是克服了万般艰险才发展到了现在这种美好的阶段。

*学习项目 9：多元函数微分学（6 学时）

（1）教学内容

① 偏导数：多元函数的概念、偏导数的概念、高阶偏导数。

② 复合函数的偏导数：复合函数的偏导数求法法则及其应用计算。

重点：偏导数的概念；复合函数的偏导数求法。

难点：复合函数的偏导数。

教学模式：综合运用讲授法、案例驱动法、问答法、讨论法、讲练结合法、教学一体等教学方法。

（2）育人目标

① 通过展示几种典型的多元函数的图像，如：心形，海螺型，让同学们体会数学的美，提升学生的审美水平。

② 多元函数的定义域是使得函数有意义的集合，作为学生也需要知道哪些事情是有意义的，哪些事情是不可做的。同样的，作为中国人，我们也应该清楚哪些是国家提倡的，哪些是国家禁止的，做一个知法守法的好公民。

③ 通过二阶偏导数的计算方法，得出做事情也不是一蹴而就的，我们需要做好每一步，才能够帮助我们做好下一步，最终实现目标。

④ 通过偏导数的求导法则提醒同学们，做事情时不能"眉毛胡子一把抓"，应该分清主次，先解决主要矛盾和问题。

⑤ 最大最小值的存在定理：当函数 $f(x, y)$ 在有界闭区域 D 上连续的时候，函数一定能取得最大值和最小值。此所谓"没有规矩，不成方圆"，想要画成一个圆，前提就是要有一个不动的定点。通过这个定理让同学们体会到"自律即自由"，一个国家制定的规则包括法律等等都是为了让我们的生活变得越来越美好。从另外一个角度让学生体会社会规则对我们不只是限制，而是帮助我们生活得更好，让同学们从客观的角度看待我们生活中的各项法则。

⑥ 多元函数极值存在的必要条件是在该点处的偏导数必须为 0，通过这个定理告诉同学们，想要做出成就的前提是需要脚踏实地，把自己的姿态放低，扎扎实实地提升自己，而不能眼高手低，好高骛远。

⑦ 多元函数的极大值是在某一个领域内，没有比它更大的点，而多元函数的最大值是在定义域中的最高点，极大值不一定是最大值，正所谓"人外有人，天外有天"。我们不能满足于现在的一点点小成绩，小成就，应该去看看外面的世界，开阔自己的眼界。

＊学习项目10：多元函数积分学(10学时)

（1）教学内容

① 二重积分的概念：二重积分的概念，二重积分的性质。

② 二重积分的计算：累次积分法，极坐标计算二重积分的方法。

③ 二重积分的应用：计算曲面的面积，平面薄片构件的重心，平面薄片的转动惯量。

重点：二重积分的计算。

难点：二重积分的计算，二重积分的应用。

教学模式：综合运用讲授法、案例驱动法、问答法、讨论法、讲练结合法、教学一体等教学方法。

（2）育人目标

① 通过引入一片面包和一块面包的例子，引出对二重积分概念的理解，利用简单易懂的生活问题来引入数学的知识点，增加了课堂的趣味性。

② 在计算二重积分时，应该择优选择 X-型区域或者 Y-型区域进行积分，通过这个方法的选择告诉同学们，在处理事情的时候，应该首先思考什么样的方法更适用，然后再动手去做，只有这样才能达到事半功倍的效果。

③ 利用二重积分，可以帮助我们计算一个曲面的面积，在现实中，我们可以利用计算出来的面积进行分割土地等等。通过与现实问题的结合，让同学们了解二重积分的用途。

④ 本章在引入极坐标这一新的概念的同时引入极坐标的应用，例如在定位和导航、描述几何轨迹问题、行星运动的开普勒定律等方面的应用，让同学们在学习极坐标这一概念时了解更多的科学知识，提高学习的兴趣。

＊学习项目11：矩阵及其应用(20学时)

（1）教学内容

① 矩阵：矩阵的定义、矩阵的线性运算、矩阵的初等变换、逆矩

阵的概念及其求法。

② 向量及其线性关系：n 维向量的概念及运算、向量的线性组合与线性表示、向量组的线性相关与线性无关、向量组的秩与极大无关组、向量组的秩与矩阵的秩的关系。

③ 方阵的行列式：方阵行列式的定义与展开、行列式的性质与计算、行列式的应用。

④ 线性方程组：线性方程组的消元法及其解的判定、齐次线性方程组解的结构及基础解系、非齐次线性方程组解的结构及全部解。

重点：行列式的求法和矩阵的运算；矩阵的逆矩阵、秩；向量组的线性相关性；解线性方程组。

难点：逆矩阵；向量组的线性相关性；线性方程组的解。

教学模式：综合运用讲授法、案例驱动法、问答法、讨论法、讲练结合法、教学一体等教学方法。

（2）育人目标

① 通过介绍矩阵的发展史，培养学生的团队精神和集体意识。更加体会到优越的社会制度对于一个民族、一个国家、一个人的重要性，培养学生的文化自信，告诉学生人的一生就像一门学科发展的缩影，暂时的领先或落后不能起决定作用，更重要的是现在和未来，激励学生珍惜时光，好好学习。

② 通过交通网络的实际案例引入矩阵的概念，引导学生"低碳生活、健康生活、绿色出行"，并引导学生说出其他低碳生活的方式，倡导学生低碳生活，爱护地球，保护地球。

③ 通过田忌赛马的案例，结合生活实际来学习矩阵的知识，提高了同学们的学习兴趣和解决实际问题的能力。

④ 通过同型矩阵才可以进行加法、减法运算，针对现今社会大学生被所谓"朋友"欺骗、伤害的现象，引导学生建立正确的择友观。

⑤ 通过矩阵乘法的运算规律，引导学生认识到社会有规则，才会和谐，人民的生活才会更有幸福感，要遵守规则，遵守法律，做一个

懂法、守法的好公民。

⑥ 通过文具商店每天的售货收入及一周的售货总账的实际案例讲矩阵的乘法，提高学生解决实际问题的能力，并激发学生的学习兴趣。

⑦ 通过对矩阵实施初等变换的过程中得到的各个矩阵，虽然形式上是不一样的，但是它们的秩、对应的线性方程组的解是一样的。引导学生解决问题透过繁复的形式抓住问题的本质；与人交往，透过言行看人品。培养学生透过现象看本质的意识和思维方式，"形变质不变"的辩证思维。

⑧ 通过四则运算的加减乘除，矩阵的加减乘，引入矩阵的"除法"——矩阵的逆。引导学生认识到事物之间、事物内部都是有联系的，培养学生用联系、发展的观点看问题，用联系、发展的辩证思维看待事物。

⑨ 通过逆矩阵的定义 $AA^{-1} = A^{-1}A = I$，单位矩阵就好像一个事物，矩阵 A 和逆矩阵 A^{-1} 是事物的两面。引导学生看问题、做事情要寻找事物的两面性，不要被一面所蒙蔽，而做出错误的决定。

⑩ 通过抗战时期中共地下工作者用密钥矩阵传递情报的逆矩阵应用案例，一是激发学生学习的兴趣；二是引导学生思考知识在任何时期的重要性，战争年代如此，和平年代亦如此，只有国家富强，才能抵御外来侵略，鼓励学生奋发学习、建设祖国；三是让学生认识到如今幸福生活的得来不易，要爱祖国、爱人民，强大自己，守卫我们的祖国。

⑪ 通过单位矩阵的特点，引导学生做单位矩阵这样人，深藏功与名，平时看是普通人，但关键时刻能起到至关重要的作用，树立崇高的学习志向，树立积极的人生观。

⑫ 通过高峰期用电的案例，结合生活实际学习逆矩阵的应用，提高同学们的学习兴趣和解决实际问题的能力，并引导学生注意节约用电以及错峰用电。

⑬ 通过矩阵的可逆与不可逆关系、向量组的线性相关和线性无关关系、方程组的有解与无解关系，引导学生认识到因为对立可以由此知彼，因为统一可以互相利用，培养学生一分为二、全面看问题的"对立统一"辩证思维。

⑭ 通过向量组中，部分向量线性相关时，整个向量组线性相关；整个向量组线性无关时，部分向量组线性无关。引导学生认识到事物的整体和部分是相互依赖、相互影响，并在一定条件下相互转化。引导学生处理好个人与集体之间的关系，建立大局意识、树立正确的价值观。

⑮ 通过初等变换法判断向量组的线性相关性，经过若干次的变换，向量组的线性相关性还是它原来的线性相关性，没有改变。就好像我们的信仰，经历再多的磨炼，再多的诱惑，也要坚持本心，"不忘初心，牢记使命"，做社会主义事业的建设者和接班人。特别 2020 年的新冠肺炎，再一次印证了中国走社会主义道路的正确性，再一次印证中国共产党领导的正确性，我们要一直坚持社会主义道路，为中国复兴努力学习、奋斗。

⑯ 通过求向量组的极大线性无关组，引导学生认识到人类就好像一个向量组，初等变换就好像学习，经过若干次的变换，有的向量进入到了极大线性无关组，有的向量变成了零向量。经过若干年的学习，有的人能为社会做贡献，有的人却一事无成。激励学生努力学习、奋斗，争取做一个对社会有用之人。

⑰ 通过矩阵与行列式的区别，引导学生从事物的形式和本质两个方面来把握事物区别，从每一个小细节做起，养成严谨、认真的学习态度，培养严谨求实的科学态度。

⑱ 通过行列式的计算方法：对角线法则、依行依列展开、三角形法、降阶法，引导学生根据问题的特殊性能做到具体问题具体分析，而不是千篇一律的用一种方法解决问题，培养学生矛盾的普遍性和特殊性的辩证思维。

⑲ 通过用行列式求逆矩阵、求矩阵的秩、判断向量组的线性相关性、解方程组和用矩阵的初等变换求逆矩阵、求矩阵的秩、判断向量组的线性相关性、解方程组，同样的问题可以用不同的方法解决，这就面临着选择，引导学生在遇到问题时学会自己做选择，这是一个不断成长的过程，每个人都需要经历。选择需要的是眼光和魄力，选择之后需要的是能力和毅力，还有及时修正错误选择的能力。

⑳ 通过线性方程组的增广矩阵的初等行变换等价于中学学习的方程组的消元法的求解过程，引导学生发现事物之间的联系，并由此培养学生挖掘事物的现象、本质与发展变化的辩证思维。培养学生透过现象抓住事物本质的能力，忽略一些不重要的细枝末节，专注于重要的信息。

㉑ 通过方阵对应的行列式是否为零来判断方阵的可逆性，通过线性方程组的系数矩阵和增广矩阵的秩来判断方程组是否有解，培养学生由量定质的辩证思维，量变达到一定程度必然引起质变，培养学生重视量的积累，"不积跬步无以至千里"，引导学生善于运用量变与质变的辩证关系解决问题。

㉒ 通过人体所需的营养素的实际案例，引导学生健康饮食，运动锻炼、作息规律，为践行健康中国战略贡献自己的力量，践行习近平总书记在党的十九大上提出的"健康中国战略"。

＊学习项目 12：概率论（16 学时）

（1）教学内容

① 随机事件及概率：随机事件及概率的定义、事件间的关系与运算、概率的性质及其应用计算。

② 古典概率与条件概率：古典概率、条件概率与乘法公式、全概率公式与贝叶斯公式、事件的独立性与伯努利概型及其应用计算。

③ 随机变量及其分布：随机变量的概念、离散型随机变量的分布、连续型随机变量的分布、随机变量的分布函数及其应用计算。

④ 随机变量函数及其分布：随机变量函数及其概率分布。

⑤ 随机变量的数字特征：随机变量的期望、随机变量的方差、标

准差及其应用计算。

重点：随机事件的古典概率和条件概率；离散型随机变量及其分布律、连续型随机变量及其概率密度；随机变量的数学期望、方差的计算。

难点：随机事件的概率；离散型随机变量及其分布律、连续型随机变量及其概率密度。

教学模式：综合运用讲授法、案例驱动法、问答法、讨论法、讲练结合法、教学一体等教学方法。

（2）育人目标

① 通过概率论起源小故事，一方面让学生进一步体会数学来源于生活，与生活的密切联系。另一方面，让学生进一步认识到赌博就是精神的鸦片，不仅危害个人的心灵、意志、身体、家庭和前途，还会影响社会的稳定与和谐。我们要远离黄赌毒，如果周围的人有这种情况，也要尽早劝阻、制止。

② 通过事件的逆运算 $\bar{A} = \Omega - A$、正态分布的计算 $\Phi(-x) = 1 - \Phi(x)$，引导学生认识到矛盾的对立面在一定条件下可以相互转化，对立的双方存在着由彼达此、由此达彼的桥梁。引导学生认识到好坏、善恶、美丑这些都是矛盾的对立面。一时的坏事可以通过自己的努力变成好事，鼓励学生向着美好的事物努力，培养积极的人生观。

③ 通过否定律 $\bar{\bar{A}} = A$，引导学生认识到事物的辩证发展经过第一次否定，只是初步发展；要经过再次发展，即否定之否定，才能得到解决。鼓励学生不要害怕否定，要正确面对否定，否定是人生道路前进的推力。培养学生否定之否定的辩证思维。

④ 通过频率与概率的关系，让学生认识到必然与偶然的联系，一个人的品质和修养是在平常的一个个微不足道的行为中慢慢形成的，不是一蹴而就的，学习要注意从一点一滴积累。

⑤ 通过历史上一些著名数学家做抛硬币实验的数据，让学生感受到科学家身上执着的探索精神，求实、求真、实践的精神，在以后的学习和工作中也要向着这些方向努力。

⑥ 通过洪水发生的案例，引导学生关注 2020 年南方的洪水，新冠疫情尚未结束，洪涝灾害又至，致敬洪水中的逆行者，致敬中国力量。在大自然的威力面前，人类的力量是渺小的，引导学生敬畏自然、爱护自然，保护我们的家园。

⑦ 通过彩票问题，引导学生在购买彩票时，一定要理性对待，做事情一定不要投机取巧，而要脚踏实地，努力奋斗，才能实现自己的目标。

⑧ 概率知识可以应用于考古问题，以激发学生的学习兴趣，并对学生进行传统文化教育。

⑨ 通过抽签问题，发现每个抽签的机会都是均等的，引导学生认识到直觉不可靠，我们要学会用全局的、联系的眼光看问题。

⑩ 提供概率树形图找完备事件组，利用数形结合的思想，一是能更准确更快速地解决问题，事半功倍；二是培养学生科学的思维方式、思考方法，引导学生理性思考、尊重科学。

⑪ 通过全概率公式的应用——辛普森悖论，引导学生思考，得到这个结论是因为数据可以用各种各样的方式分类、归总，再比较，因此存在着无限变化的可能。在大数据时代，我们要警惕这种无限变化，它有利有弊，引导学生不要笼统、表面地看问题。

⑫ 贝叶斯公式的应用——艾滋病案例，引导学生认识到在生活中遇到一些问题，不应该反应过度，因为事情可能并没有想象的那么糟。我们需要做的是大胆假设，小心求证，不断调整自己的看法，先行动起来，而不是干等着，白白错过机会。要用积极乐观的态度面对困难、挫折。同时也要对自己的行为负责任，支持国家制定的艾滋病防治规划。

⑬ 贝叶斯公式的应用——烽火戏诸侯，引导学生从中吸取经验教训，一是更进一步认识到"防微杜渐"，一个小错误犯一次问题看起来不大，但若不及时改正，就有可能会酿成大错，甚至要以生命为代价；二是千万不要做周幽王这样的失信、戏弄他人之人，一定要做一个有诚信的人！诚信不仅是人类社会千百年传承下来的道德传统，还

是社会主义核心价值观的重要组成,"爱国、敬业、诚信、友善"是公民基本的道德规范,作为当代大学生,更要把它转化为我们的情感认同和行为习惯。

⑭ 通过事件的独立性的应用——三个臭皮匠顶个诸葛亮,引导学生进一步认识到团结的重要性,没有最厉害的个人,只有最厉害的团队,培养学生团队合作意识、集体意识,认识到众人力量的强大。

⑮ 通过 n 重伯努利概型,无论 p 如何小,只要不断重复做实验,A 迟早会发生,引导学生认识到哪怕成功的概率很小,只要坚持下去,成功也几乎成为必然。只要功夫深铁杵磨成针,鼓励学生在学习和生活上都要有恒心、有毅力。

⑯ 通过泊松分布在二战中的应用案例,引导学生进一步认识到科学的重要性,一个国家要想强大,人民要想和平地生活,就必须要掌握最前沿、最尖端的科学。引导学生认真学习,强大自我。

⑰ 通过人群中智力分布呈正态分布,引导学生认识到绝大多数人的智力都是相似的,在我们身边很少有谁比谁更聪明,人与人之间的差距更多是来自谁更努力,激励学生把握机遇,认真学习。

⑱ 通过离散型随机变量、连续型随机变量的分布函数都是分段函数,且函数的第一段函数值为零,最后一段函数值为1,它与概率的规范性是一致的,引导学生认识到生活中处处有规则,社会秩序需要规则来维持,法律就是维护社会安定有序的规则,引导学生认识规则、掌握规则、合理地利用规则。

⑲ 通过从随机变量的分布到随机变量函数的分布,引导学生用联系的观点看问题,找到事物之间的联系,由旧事物产生新事物。

⑳ 通过彭实戈教授在数学期望方面做出的卓越贡献,激发学生的学习兴趣,了解学科前沿,培养学生的爱国热情。

㉑ 通过脱贫攻坚战中"平均生活水平"与"贫富差距"就是数学期望与方差概念的诠释,引导学生通过数学期望和方差的有关知识分析解读脱贫攻坚政策,使学生更好地理解国家的大政方针政策,感受我国社会主义制度的优越性,增强爱国情怀,增强四个自信。

㉒ 通过一种验血新技术的案例，体现数学期望在现实生活中的应用，让同学们体会数学的有用以及方便。

*学习项目13：数理统计（14学时）

（1）教学内容

① 抽样及抽样分布：数理统计中的基本概念；统计量及抽样分布的定义，常用统计量，正态抽样分布。

② 参数的点估计：矩法估计及计算；极大似然估计及计算；估计量优良标准。

③ 参数的区间估计：单个正态总体，方差 σ^2 已知，总体均值 μ 的区间估计及应用；单个正态总体，方差 σ^2 未知时，总体均值 μ 的区间估计及应用；方差的置信区间及应用。

④ 假设检验：u 检验法及应用；t 检验法及应用；χ^2 检验法及应用。

重点：参数的矩法估计、极大似然估计及计算；单个正态总体，方差 σ^2 已知，总体均值 μ 的区间估计及应用；单个正态总体，方差 σ^2 未知时，总体均值 μ 的区间估计及应用；方差的置信区间及应用。

难点：参数的点估计、参数的区间估计、假设检验。

教学模式：综合运用讲授法、案例驱动法、讨论法、讲练结合法、教学做一体法等教学方法。

（2）育人目标

① 通过数理统计的基本思想是研究如何根据观测得到的大量数据（即样本）进行整理和分析，揭示其（即总体）统计规律性，引导学生从客观存在的数据揭示事物发展的规律，思考马克思哲学的意识与物质的关系问题，认识到唯物论的物质第一性。

② 通过样本准确的重要性，引导学生从样本的重要性认识到工作、学习都需要严谨求真的务实态度。

③ 通过二战时期，盟军估计德国坦克产量数的案例引入参数估计，引导学生感受知识的力量是多么强大，祖国的富强、和平是得来不易的，我们应该努力学习、继往开来。

④ 通过许宝騄教授献身祖国、献身科学的精神，增强学生的民族自豪感和文化自信，激励学生为祖国的繁荣富强和中国梦的实现而努力学习。

④ 通过参数估计是利用已知的样本结果，反推最有可能导致这个结果的参数值，引导学生认识到很多时候不能直接得到整体，但只要抓住了关键部分，在一定条件下就可以决定整体，认识到部分与整体之间的辩证关系。

⑥ 通过同学与猎人打猎的案例引入极大似然估计，引导学生认识到极大似然估计的思想在生活中处处存在，人们会选择最大的可能性，而忽略小概率的样本，我们应该努力让自己成为那个最大概率出现的样本。

⑦ 通过买葡萄问题，引导学生认识到概率论只不过是把常识用数学公式表达了出来，学好概率，让生活更便捷、智慧。

⑧ 通过简介拉普拉斯，进行励志成才教育。

⑨ 通过估计量优良性标准，引导学生认识到对数据进行处理、分析时要从多个标准去判断，做到精益求精，引导学生感受、学习这种工匠精神。

⑩ 通过从参数的点估计到区间估计，引导学生从参数估计的发展中感受到科学家追求真理、勇攀高峰的精神，鼓励学生静心学习、潜心钻研，树立正确的学习观。

⑪ 通过假设检验的一般思想，引导学生认识到一点一滴的积累的可行性、重要性，把握机会，好好学习，建立量的积累到质的变化的辩证思维。

⑫ 通过假设检验：一方面告诉你推断的结论，另一方面告诉你检验可能犯错误，引导学生认识到世间万物很少有绝对的，完事不可苛求百分之百，不可钻牛角尖，建立看问题不可绝对化的辩证思维。

期中考试（4学时）　机动（4学时）　总复习（4学时）

注：加 * 的部分为选讲内容，根据专业培养目标，从中选取。

5. 教学建议

（1）教学方法

高等数学课程综合运用讲授法、案例驱动法、问答法、讨论法、讲练结合法、教学一体等教学方法。这里，我们着重探索运用"案例驱动"教学法。

坚持以学为中心，做好角色转换。根据专业培养目标和高等数学课程的特点，运用"模块、案例一体化"的教学思想，即"案例驱动"教学方法，坚持数学"与专业结合、必需够用为度"，"掌握概念，强化应用，培养技能"的原则，要从传统的"教什么、怎么教、教得怎么样"切实转变到"学什么、怎么学、学得怎么样"，实现从以"教"为中心向以"学"为中心的转变。

运用信息技术，打造高质量数学课堂。教育改变人生，网络改变教育。随着信息技术和互联网技术的高速发展，基于互联网的现代教育新技术、新模式、新方法和新思维层出不穷，MOOC、翻转课堂等网络学习平台已经颠覆了传统数学教学"四个一"（一室、一书、一笔、一嘴）模式。虽然信息化手段在大学数学教学中从形式上已经得到普及，但如何更好地运用信息化手段提高大学数学课程教学质量还有很大的探索空间。要将信息技术深度融入数学教学，扩大教学信息量，提升教学效率；运用信息技术创设问题情境，依托网络技术，以数学学习群、数学竞赛群等为架构搭建课外辅导学习社区，增强学生思维能力和创新实践能力的培养，与课堂教学形成有效的"互补"，激发学生的好奇心，提高学生课堂参与度，培养数学思维能力；运用信息技术创设生动逼真的教学情境，将抽象难懂的数学问题具体化、形象化，提升学生的学习兴趣和求知欲望；积极开展线上教学、线上线下混合式教学等教学模式，充分利用丰富的资源（共享资源课程、精品在线开放课程等）和网络平台〔爱课程（中国大学 MOOC）、智慧树、优课联盟、钉钉课堂、腾讯课堂、ZOOM、云班课等〕为教学提供良好的网络环境条件，加强师生及时互动沟通，使学生的学习时间变得更自由、学习方式变得更灵活、学习行为更主动，提升学生学习的参与度和获得感,打造新型高效的数学课堂。

强化能力培养,注重课程思政,深化数学课程育人。教师在传授数学知识的同时,要注重培养学生的数学抽象思维能力、逻辑推理能力、分析建模能力和数据处理能力,提升学生运用数学知识解决实际问题的能力。在传授知识、培养能力的过程中,对学生进行价值塑造,从政治导向、专业伦理、学习伦理、核心价值等引导学生成长、成才。

（2）评价方法

依据基于职业能力的专业培养目标要求,本课程积极建构以培养学生职业能力为核心,促进学生全面发展的考核目标,即由传统的知识本位考试向知识、能力、素质"三位一体"的考核过渡。

知识习得的量化评价:主要包括课堂提问、作业、课堂小测试,单元、期中、期末考试。

能力的量化评价:主要包括团队协作、问题解决。

育人效果评价:学生的自我评价、团队成员间的评价、教师的评价(以上评价以发展性评价为立足点,评价学生的学习态度、学习习惯的改进与既定目标的达成度)。

（3）网络资源

首先,该课程应充分利用先进的现代化网络信息技术,建立课程网站将"高等数学"课程标准、云教材、教学课件、授课教案、习题与模拟题、试题及解答、多媒体教学动画、实物图片、视频资料等内容上网运行,以便满足不同学习者的学习需求。

其次,该课程以数学学习群、数学竞赛群、数学协会、数学建模协会等为架构搭建课外辅导学习社区,举办各类数学知识竞赛、数学征文比赛、数学建模竞赛等,激发学生学习数学的兴趣,提高学生综合运用数学知识分析解决问题的能力。

再次,充分使用现代教育技术手段,制作与课程内容模块相配套的多媒体课件、动画、视频,运用大量图片及与专业相关的案例,使学习内容更加生动直观,让本课程的学习变得容易、有趣。

最后,采用线上、线下混合式教学,充分利用腾讯课堂、云班课等平台,与学生沟通交流,及时解答学生的疑难问题,也为学生提供更丰富的学习资源，供学生课外自主学习，拓展知识面。

（4）教材编选

课程教材：

①赵红革等主编，《高等数学》（第四次修订版），北京：北京交通大学出版社，2019；

②王为洪，《高职应用数学》（第2版），沈阳：东北大学出版社，2019；

③赵红革，《水利数学》，郑州：黄河水利出版社，2017；

④孙传光，《经济数学》，南京：南京大学出版社，2017。

参考书目：

①赵红革主编，《高等数学学习指导》（修订版），北京：北京交通大学出版社，2007；

②徐春芬主编，《高等数学习题集》，北京：北京交通大学出版社，2009；

③王小强等主编，《高等数学》（理工类），沈阳：东北大学出版社，2011；

④颜文勇，《数学建模》，北京：高等教育出版社，2011。

五、课程思政视角下的教学设计实例

本节以第二个重要极限为例，讲述课程思政视角下的教学设计，见下表。

课程基本信息		
课程名称	高等数学	100 学时
章节名称	函数、极限与连续	14 学时
学习任务	第二个重要极限	1 学时

续表

选用教材	根据人才培养方案，依据《高等职业教育数学课程教学基本要求》和我校《高等数学课程标准》，选用了本课程建设团队负责人主编的《高等数学》教材。 教材特点： ① 山东省优秀教材，累计发行 11 万册。 ② 我院教师为主要编委成员，符合我院高职生特点。  ③ 本教材与时俱进，不断修订。在原版教材第四次修订版的基础上，本次是"课程思政"视角下修订的第五版，与本次课程建设相适应

一、学 情 分 析

① 学生对前面基础知识的掌握程度不够理想，而且知识迁移能力较差，只能完成与例题类似题型的求解。

② 学情问卷调查结果显示：学生的学习方式仍然以高中阶段的被动接受为主，主动学习能力、动力与自信心严重不足。能够主动进行课前预习和课后复习的同学仅占总数的 20%，因此，学习兴趣的激发、学习主动性和合作意识有待深入引导并增强。

③ 纸质教材呈现的教学内容不利于学生的学习，他们更喜欢网络学习平台、手机 APP 等多样化的呈现方式带入学习情境中。

④ 高职院校工科各专业学生需要具备基本的数学素养。极限是高等数学的最基础的理论及工具，尤其是第二个重要极限在极限中占有很重要的地位，它的结构独特，应用广泛，特别是复利模型的应用。因此第二个重要极限不仅有助于学生学好微积分，也利于他们以后用其解决生产和生活中的实际问题。本节课进一步讲解函数极限的计算方法，让学生体会极限的工具作用，并将极限应用到实际生活中

续表

二、教 学 思 想

　　在数学知识传授过程中,将数学史、数学思想方法和数学文化背景有机融为一体:通过设计生活化的情境,营造浓厚的探究氛围,致使学生自觉地沉浸于教学活动中;增强学生的参与度与合作力,让学生在学习知识、提高能力的过程中,通过数学家的奋斗经历自觉勉励自我成才;引导他们深入社会实践、关注现实问题,培养学生经世济民

三、教 学 分 析

1. 学习目标

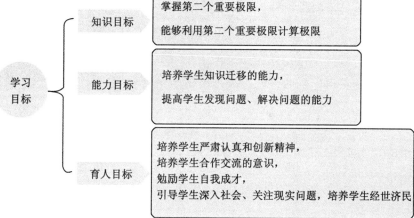

2. 教学重难点

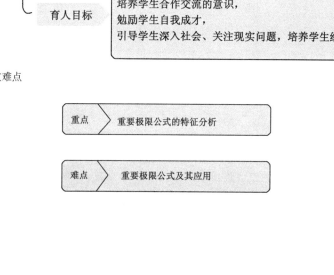

续表

四、教　学　方　法

五、教　学　策　略
本次课精心设计了四步教学法：案例启动、问题调动、原理推导、任务驱动四个教学步骤进行展开，通过师生互动落实到学生行动，使学生初步掌握第二个重要极限的计算及应用。为了突破难点，采用案例教学与任务驱动法相结合的教学方法，重在启发学生的主观能动性，并且通过自主练习增强学生对第二个重要极限的掌握，借助信息化手段突破教学重难点。 　　本次课合理地运用了微课视频、蓝墨云班课和PPT等信息化手段和资源，共享了丰富的教学资源，供不同需求的学生课下学习，提高学习效果

六、教　学　组　织　过　程
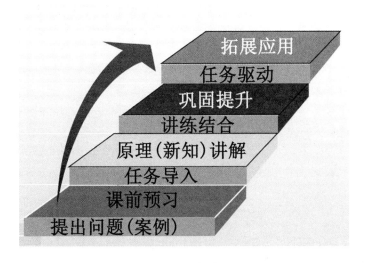

续表

七、学 习 资 源

本节课学习中，学生应用的学习资源包括：

① 教学设备：多媒体教学设备、蓝墨云班课（APP）、投影仪、计算机等。

② 工具与材料：手机、翻页笔、实物模型、白板笔。

③ 教学材料：本节课与学习任务有关的在线测试、投票问卷、PPT 等

八、教 学 流 程 设 计

1. 课前

预习：

① 云班课上传了二维码，扫描可以预习第二个重要极限公式。

② 云班课上传了一个"校园贷"案例：张同学为了购买一部好手机，找到网上一个平台，很容易借款 3000 元，每天复利率为 1%，试问一年后，他应还款多少钱？

设计意图：通过案例驱动，激发学生探索研究的兴趣，激发学生对新知识的渴望。

任务导入：将真实案例转化成数学模型。设有一笔贷款为 A_0（称本金），年利率为 r，每年的计息次数不同，在不同的计息次数下，求该笔本金到 k 年末时本利和是多少？

学生活动：小组讨论，将最终结果上传班课。

设计意图：将实际问题转化为数学问题，体现数学来源于生活又应用于生活的，有助于引起学生的学习兴趣。

2. 教学过程

续表

教学环节	教学内容	教学方法	时间分配/min	设计意图
案例驱动	"校园贷"案例	小组讨论	3	通过实际案例，转化为数学问题，体现数学来源于生活又应用于生活
数学故事	介绍：爱因斯坦	教师讲授	3	通过故事，激发学生的学习爱因斯坦坚强不屈、顽强拼搏的精神
问题探究	复利计息	学生讨论	5	培养学生团结协作，提高他们分析问题、解决问题的能力
问题小结	教师评价	小组汇报	5	锻炼学生表达能力，培养学生的自信心
实际应用	解决"校园贷"的还款问题	教师演算	3	合理消费，杜绝校园贷
引出问题	计算次数趋向于无穷时的情况	任务驱动	5	激发学生学习兴趣
观察讨论	引出重要极限的结果e	教师引导	2	培养学生严谨的治学态度
数学故事	e的由来，简介欧拉	教师讲解	3	通过故事，激发学生的学习欧拉坚强不屈、刻苦拼搏的精神
新课讲解	重要极限	讲授法	2	通过理论的讲解，为问题的解决提供理论基础
例题讲解	两道例题	讲授法	3	巩固重要极限

续表

推广应用	再次讨论"校园贷"的还款	探究	7	提高学生利用所学解决知识问题的能力
应用加深	测量地球年龄、细胞的繁殖、放射性物质的衰变、名画真伪的鉴定	教师引导	1	学以致用，培养学生用数学思维分析解决问题
课堂小结	本次内容	讲授法	3	梳理巩固所学知识
课后探究	极限思想在实际生活中的应用？	小组讨论	时间不限	提高学生利用所学解决知识问题的能力和意识

九、学情评价

本次课以教学目标为依据，采用过程性评价与最终评价相结合、质性评价与量化评价相统一、多种形式全方位综合评价学生的学习态度、知识习得、分析解决问题的能力以及人文素养的达成。

在教学过程中，教师把控整个教学过程，采用线上测试、课堂提问、课堂练习等方式进行实时评价，调动学生的积极性，提高学习效果。

质性评价主要有：学生自评、小组互评、教师评价等方式。

量化评价主要有：课堂考勤、线上测试、课堂提问、课堂练习、作业等方式

十、教学反思

本节课设计校园贷问题，利用云班课，将抽象的数学知识呈现于生活情境化之中，通过学生经历动态实验探究、再现知识发现的历史、经典例题分析评价和归纳提炼的过程，领悟知识点的精髓；通过融入数学史与生活背景，使学习生动有趣、不断感悟数学文化的熏陶，促进文科类学生主动学习、感受数学的人文与应用价值，培养学生用数学的眼光观察世界和创新思维能力。提出了复利模型，把学生引到了第二个重要极限的应用中，脱离枯燥无味的数学的理论知识，这样不仅激发了学生学数学的兴趣，调动了学生的积极性，同时培养了学生

续表

的数学素养和应用数学思想解决实际问题的能力。在教学活动中，教师将实现从"讲授者"到"指导者"角色转变，更能体现现代教学活动的教师价值。有了更多的时间给每个同学做个别化指导，在完成教学任务的同时，也增进了师生之间的情感交流。教学实践证明，本节课的教学方法得当，教学设计思路合理，完成了本节课的教学目标，达到了预期设计目标。使用多媒体课件优点是课堂容量大，省去了教师的板书，节约了时间，并且动画效果直观能帮助学生理解记忆。

存在的问题：利用PPT课件速度快，省去了教师推导过程，但是学生的反应时间也缩短了，有的学生的反应跟不上，这一方面处理上要加强

六、课程思政对教师的要求

教师对教育事业有高度的热情和责任感是课程思政实现育人目标的基础。教师是人类灵魂的工程师，承担着神圣的育人使命。育人先育己，高校教师要坚持自我教育，坚持正确的政治方向，做到教书同时育人、言传同时身教、潜心问道又关注社会，努力成为先进思想文化的传播者、党执政的坚定支持者，让课堂成为弘扬主旋律、传播正能量的主阵地，更好担起学生健康成长指导者和引路人的责任。教师要以德立身、以德立学、以德施教，为学生点亮理想的灯、照亮前行的路。

课程思政不仅有专业、技术层面的要求，更是教师育德能力、育德意识的体现。教师要言传更要身教，比如要求学生不迟到，教师就要提前到课堂；要求学生上课不玩手机，教师上课或者课间就要避免习惯性看手机；要求学生见了老师问好，老师被问好时就要友好地回应；要求学生作业认真，教师的批改作业也要高度认真并有批语。

作为一名数学教师，我的数学课是在学生进入高校的第一学期开设的，我经常勉励学生要珍惜大学时光，做好人生规划，鼓励学生给未来多少年以后的自己或者家人写"一封慢信"。只要是学生在"慢

信"信封上写清寄发的时间，我会主动保管这些"慢信"，并按照未来寄发的时间帮学生寄出。这几年来寄信的人越来越少，曾经设立在邮局外面的"投递邮箱"已经关闭，不能再 24 小时随时寄信，只能在邮局的工作时间面交给邮局工作人员，虽然有所不便，但我觉得这是对学生成长有意义的一件事情，我会一直做下去。

▼即将寄出的"慢信"

▼与"慢递"学生的 QQ 交流

第 六 章

高职院校师生关系之思考

师生关系是教育教学活动成败的关键，和谐的师生关系使教育教学活动的各个环节顺畅而富有成效。和谐的师生关系要求教师不仅要有高尚的职业道德、扎实的专业知识、宽厚向上的仁爱之心，还应具有与时俱进的教育理念、科学设计教育活动的能力、开展科学研究的能力和过硬的心理素质。

一、师生关系简述

学者们认为师生关系是一种社会关系，也有学者们认为师生关系是一种特定环境中特定的人际关系；还有学者认为师生关系是教师和学生在教育教学活动中形成的一种心理关系。当然，更多学者认为师生关系是多种关系综合而成的交叉重叠的关系，融社会关系、人际关系、心理关系、道德关系、教育关系和交往关系等稳定的关系为一体的综合关系。

师生关系常见类型有专制型、放任型和民主型，高职院校的师生关系主要体现为民主型。对于辅导员而言，因为高职生大都已经满18岁，有了相对辨别是非的能力与自我管理的能力，因此辅导员对班级学生的管理以开放、民主、自主为主要特征，以平等的方式与学生相处，重视集体的作用，注重培养并发挥学生干部的管理能力，指导学生设立人生目标与专业目标，帮助他们规划大学生活。而对于任课教师而言，面对学生课程学习的状态与表现，师生关系主要表现为以包容、悦纳的态度鼓励学生，通过个别辅导、个别交流沟通的方式与学生相处。当然，高职院校也有少数师生的关系更多表现为专制型、放任型，而较少体现为民主型。其主要原因是个别辅导员或者任课教师缺乏责任心与耐心，进而表现出对根除一些学生的顽疾与帮助学生改变不良表现缺少信心，对学生自由放任，不主动采取办法地帮助学生克服困难、改进行为，而是听之任之，一旦遇到学生违纪，一次两次忽略，多次或者有较严重的情况出现，通常以综合考评扣分甚至进行通报批评等作为惩罚手段。

不同的师生关系对学生有不同的影响。第一，良好的师生关系能更好地提高学生的学习兴趣、改善其学习态度。《学记》中有"亲其师，信其道"。教师越肯定与鼓励学生，学生越喜欢该教师，自然也会对该教师所教的课程有特殊的感情。在课堂上，教师对学生抱以积极、热情、信任的态度，对学生有真诚的期待和希望，那么学生同样也会有一种受到肯定、鼓舞和信赖的情感体验，进而对于该教师的信任感和依赖感会油然而生。而且，学生会因为喜欢一位教师，而愉快地接受该教师的指导，实现教师的期望。反之，如果学生觉得自己的老师对自己总是漠不关心，看不到自己平时的点滴进步，或者认为教师对自己有偏心，就容易使学生的学习情绪和学习态度发生转变，也产生对教师的不满甚至对立的不良情感，甚至会做出与教师事与愿违的事情，学生的这种不良情感必然会导致知识的传授过程受阻。这种"爱屋及乌"或者"殃及池鱼"的例子，不仅在小学生、中学生中常出现，对于高职生，甚至是优秀的本科生也时有发生。第二，师生关系对学生的自尊、自信、情绪、主观幸福感等诸多方面的心理健康也有影响。教学实践表明：教师对学生的支持、关心、鼓励、期望能更好促进学生的自尊、自信、热情。有学者研究得出：教师对学生积极的态度能够促使学生形成正确的自我评价，降低焦虑水平，减少消极情感，缓解学生的抑郁程度。

二、和谐的师生关系

1. 和谐的师生关系是良好教学效果的必要条件

任何教育活动从来都是教育者和受教育者双方构成的双向互动交流过程，忽视教育者或者受教育者任何一方的感受，都不可能取得良好的教育效果。教师的教学效果必须通过学生的学习效果来体现的，教师要根据学生的实际情况和课程教学目标对学生实施教育过程。但每个学生都是具有独立的判断能力和主观能动性的学习主体，他们有思想、有个性、有感情，对于教师的教不会无条件、机械地接受，而是有倾向、有选择地去吸收，学生是否自觉主动接受教师的教育，直接会影响到课堂教学效果。和谐的师生关系能够使学生乐于主动接受教师的教学教育，并在教学过程中，以积极、自信、主动、愉悦的心态参与教学过程。在这样的气氛和心情中的脑细胞容易被激活，智力活动也会处于最佳状态，有助于提高教育教学效果。当然，学生良好的学习状态也反过来激发教师更高的教学热情，进而使师生在宽松、愉快的教育教学环境中完成教学过程。相反，如果师生关系没有那么和谐，学生可能会产生压抑、低落的情绪抑制大脑皮层相应区域的细胞，对学习产生阻碍作用，学习效果会事倍功半。

同时，和谐师生关系能激发学生对教师所教课程的学习兴趣。"兴趣是最好的老师"，学生有了学习的兴趣，才会主动自觉地学习，也容易取得良好的学习效果。因此，教师要努力激发学生的学习兴趣，以便提高教育教学效果。激发学生的学习兴趣，除了在教学内容、教学方法、考核方式上不断改进之外，和谐的师生关系也能激发学生的学习兴趣。通常情况下，学生对某一学科的兴趣与授课教师有着较大的关系，而且学生年龄越小，关系越大。高职生大都已满18岁，相对于中小学生来说，高职生与任课教师的关系，对高职生的影响会小一些，即使这种小一些的影响在多数高职生身上还是有明显体现的。

在对山东水利职业学院某专业大一学生的一次调查问卷中有两道题，题目分别是："你最喜欢的学科是什么？""你最喜欢的老师是谁？"问卷结果显示：两道题目答案的相关度达到94.3%，也就是94.3%的学生最喜欢的老师教的学科正是学生自己喜欢的学科，而且选出的结果集中在一位老师身上，这位老师平时与学生的师生关系是和谐的，情感交融的。正所谓"亲其师，信其道"，和谐的师生关系能使学生以良好的心态和情绪去面对学习。

2. 构建和谐的师生关系

（1）平等是和谐师生关系的前提

师生关系的平等主要体现就是相互尊重，传统教育理念中的教师绝对权威和学生对教师的绝对服从是不可取的。教学过程中教师与学生平等对话与商量讨论，并不影响学生对教师知识权威性的认可，反而会让学生更加敬仰与信服，产生和谐的师生关系。

平等的师生关系关键在于教师与学生在人格上的相互平等。不光教师拥有人格和信仰上的自由，学生尤其是高职生作为社会中的独立个体，他们的思想、信仰和兴趣特征也应该被承认。当然，如果学生的认识、判断出现偏差甚至错误，教师有责任帮助他们改进，但指导改进的过程中，仍然需要尊重学生的人格，以平等的心态沟通交流。

哲学家马丁·布贝尔认为师生关系本质上就是人格对等的"我—你"式对话关系。

师生关系的平等不再是以教师为中心，也不是以学生为中心，而是学生是教学活动中的主体，教师是教学工程主导者。在教学活动中，教师应该尊重、理解、包容学生。同时，学生也要尊敬、理解老师。这种基于人格平等的师生关系，有利于师生双方思想的碰撞和交流，进而达到思想与情感的和谐统一。

（2）民主是和谐师生关系的保证

教学中的民主是师生双方相互尊重、相互理解基础上的民主。在教学过程中，教师要遵循学生成长、发展的客观规律，不能以主观态度消极对待学生的思想、观点。尤其当今社会，学生知识的获取途径更加多元化，获取的信息与知识也更加丰富，思想认识也更加开阔，对待事物也会有各种不同的观点和理解。在知识上，教师也不再拥有绝对的话语权，要想全面、科学地获取、掌握知识，就需要教师与学生在民主友好的互动合作氛围中完成知识的更新学习。为此，教师要敢于认识自身的缺点与不足，敢于向学生学习、不耻下问，做到大度与包容，使教师自己对学生指导在自由、轻松、愉悦的氛围中进行，鼓励学生勇于创新，敢于质疑教师提出的问题和结论，培养学生的求实精神和民主意识。同时，在课堂教学中，教师需要转变管理理念，让学生参与到教学管理中，让学生自己成为管理的主体，培养他们独立自主的能力，促进他们的换位思考，增强合作意识，增强对教师的信任与自我的信心，也能有利于形成和谐的师生关系。

（3）"生本思想"是和谐师生关系的中心

"生本思想"就是在教学过程中，承认学生是教学的主体，以学生为根本，以学生作为教学的始点和终点，教学活动围绕学生展开。这与传统的"以教师、课堂，知识"为中心的教育理念不同，"生本思想"关注的是学生内在的发展诉求，在教学过程中先备学生，再备教学内容、教学方法，关注的是学生的认知水平与学情现状以及他们的兴趣特点，而不是关注课程的进度、大纲的要求。"生本思想"正是"以人为本"的核心价值观在教育教学中的体现。"生本思想"要求关注学生的全面发展。学生的全面发展包括德智体美劳五个方面的发展。平时所说的德育、智育、体育、美育、劳动教育就是有关学生的全面发展理论在教育领域的具体体现。把学生培养成为全面发展的人是教育的目的和要求。

（4）最大限度满足学生的需求是和谐师生关系的关键

学生作为班级群体中独立的个体有社交、被尊重以及自我实现等多方面的需求。

首先，教师要满足学生的社交需求。社交需求也称为归属于爱的需求，是指每个学生都渴望得到老师、同学的理解、支持、关心、欣赏和爱。如果这样的需求能够得到满足，学生就会倍感自信、愉悦，也会主动参与班级活动与教学活动，成为学生学习的内在动力。反之，如果这样的需求得不到满足，他们就缺乏对班集体的归属感、认同感和自豪感，缺乏对教师的信任和依赖，就会感到沮丧和失望，产生自卑感、挫败感，害怕参与班级活动，害怕与老师、同学交流，容易产生心情抑郁，甚至会做出一些对抗教师或同学的行为。这样一来很难与教师形成和谐的师生关系。

其次，教师要满足学生的被尊重的需要。美国教育学家杜威曾经说过："尊重的欲望是人类天性最深刻的冲动。"对于每一个学生来说，都渴望得到老师和同学的尊重和认可。在教育教学过程中，教师要理解尊重每一位学生，尊重他们的兴趣爱好和情感需要，最大可能地满足他们的需要，而不是一味地管制和压制。同时，在教育教学过程中，老师要敢于放手，鼓励并相信学生，给他们机会去发挥自己的特长与才智，让他们感受到被尊重、被爱护的尊严感和幸福感。

再次，教师要尽量满足学生对个性帮助的需要。不同的学生有不同的需求，仅仅在课堂上很难满足学生的个性需求。比如：有的同学需要某一些知识的辅导，教师应该无私地花费业余时间辅导学生，有同学想找一份兼职的工作，教师要尽最大给学生提供有价值的信息和渠道。

最后，教师要满足学生自我实现的需要。自我实现的需要是人类需要层次中最高层次的需要，它是指实现个人理想、抱负，发挥个人聪明才智的需要。每个学生都会有自己的目标，并希望能够实现，即使是那些看起来天天不思进步、碌碌无为的"后进高职生"，如果和他们进行深入的交流，也会发现他们的内心有很多美好的愿景，只是这些美好的愿景更深地掩埋在内心深处而行动上少于体现罢了。假如学生的自我实现的需要得到了满足，就会大大激发他们的创造性、积极性。所以，教师要充分信任学生，用更多的耐心激励他们发挥自己的主观能动性，并关注学生自我提升、自我实现成功的过程。在必要时，及时给予一定程度的引导和帮助，让他们自己找到问题并能解决问题，从中体验成功的喜悦，实现学生的自我价值。

(5)教师的职业素养是建立和谐师生关系的支撑点

能否建立和谐的师生关系是由教师的职业素养所决定的，教师良好的职业素养是建立和谐的师生关系的支撑点。

第一，教师良好的职业素养需要教师具有完备的知识结构。教师的知识水平是其从事教育教学工作的前提条件。"师者，所以传道授业解惑也"，这是中国传统教育对教师的概括。尽管有"弟子不必不如师，师不必贤于弟子"的说法，但是如果一位教师经常被学生的问题难住，他又怎么能引领和指导自己的学生呢？怎么能赢得学生的尊重和爱戴呢？学生又怎样能依赖和信任这样的老师呢？即使这样的老师品格再高尚，我想也是不胜任教师工作的。马可连柯说过："学生可原谅老师的严厉、刻板甚至吹毛求疵，但不能原谅他的不学无术。"苏霍母林斯基指出："只有教师的知识面比学校教学大纲宽广得多，他才能成为教学过程的精工巧匠。"所以，教师要努力提高自己的知识素养，精通自己的学科，具有扎实而渊博的知识。这里渊博的知识不仅要"专"，而且要"博"。教师的权威性正来自于本身知识的渊博。

对教师来说，不仅要对所教学科的基础知识有广泛而准确的理解，形成完整的知识体系，并且拥有宽广的教学视野和广泛的社会实践性知识，还要加强业务进修和广泛的学习，了解新观点，掌握新信息，不断更新知识，不间断地给自己"充电"，不断改进教学方法，自觉提升授课艺术。

尤其是信息时代，学生获取知识的渠道是多元的，信息获取量也是成倍增长的，这就需要我们做一个智慧型教师，知识储备也应该是多维度的，与时俱进的，所以教师要坚持终身学习。学习马列主义、毛泽东思想、邓小平理论以及习近平新时代中国特色社会主义思想，以提高自己的政治理论素养，同时，还要学习职业教育理论。对于专业课教师来说，还要学习新工艺、新方法。

中国当代著名学者、中国社会科学院哲学研究所研究员周国平说：读一些哲学家写的教育论著，像卢梭、康德、杜威等他们的教育主张未必一致，但都是真知灼见，认真读一读，结合教学，一定会有豁然开朗之感。

在信息时代，互联网技术的普遍使用使学生的学习和知识的获取不再仅仅依赖教师，他们获取信息的途径方式更加多样化和快速化。

学生会发现教师在很多方面还不如自己知道的多，甚至也有学生所提出的各种问题是教师没有见过和思考过的。一些教师有在课堂上被学生问倒难住的经历，"课下咱们百度一下吧！"这是很多时候问题解决的留言。

在知识日益丰富、信息爆炸的今天，教师必须有时代紧迫感，养成终身学习的习惯，与时俱进，保持眼界开阔，思想敏锐，不断丰富专业知识，增强文化素质，才能与新时代的学生进行有效的交往，才能赢得学生的信赖与尊重。

今天，我们习惯于手机的不停滑动，这是一种浏览式的学习，在大学校园里充分利用网络资源，把《知网》收存在自己的电脑里，养成每天习惯性打开，一定是受益匪浅的。更重要的是：静心看书的习惯更是难能可贵，如果一位教师习惯于静心读书，把读书当成一种习惯，把学习看作一种乐趣，从各种渠道汲取新的营养，使自己变得更为睿智，不断提高知识素养，这是非常必要的。

第二，教师良好的职业素养需要教师具有优秀的教育教学能力。

教学能力是教师必须具备的最基本的能力，教师的教学能力不仅直接影响着教育教学效果，还影响着学生今后的发展水平。教师应该严格要求自己，抓住一切机会主动学习、借鉴和反思，潜心教学研究，自觉寻找自身不足与差距，努力提高自身的教学能力，使自己的教学水平与时俱进，永葆鲜活，使自己能够胜任新时代的教学要求，成为一名深受学生喜爱的优秀教师。

教师的教育教学能力主要有认识与理解学生的能力、语言表达能力、板书能力、课堂教学的组织能力、科研能力等。

教师只有认识与理解学生，才能使自己的教育工作有的放矢，取得预期的效果。目前高职院校生源更加多样化，有夏季高考生、春季单招生，2020年开始有了夏季（第二批）单独招生，其中，夏季（第二批）单独招生又分成ABC三种类型，A类是应届毕业生，B类是退役军人，C类下岗职工、农民工等，高职生情况复杂多样。为此，教师必须先了解学生的现状、需求(高中是独木桥,大学是立交桥,毕业后目标不同:升本、就业、创业等)以及知识基础等。常言道:"一切为了学生,为了学生的一切。"我们如果都不了解学生,那么怎么能帮助学生呢?教师认识与理解学生,就要主动搭建与学生沟通的平台,这个平台可以是电话、个人微信、微信群、个人QQ、QQ群、邮箱、云班课等。教师与学生之间的沟通应该是多渠道的,交流时间可以不受限制的,交谈的内容也不局限在学习上,可以延伸至社会、家庭、生活、理想、社交、兴趣等各个方面,让他们拥有一个自由表达自己的空间。

我是数学教师,也担任过班主任。从选择当班主任的那一天起,我就暗暗下定决心:一定对学生尽心尽力!记得2014年9月5号到6号是新生报到的日子,我一直在报到现场,不曾错过任何一个来报到的同学,而且在与每个同学短暂见面后,我都把了解到的每位同学的第一印象和基本情况写在自己的工作日记里。我一遍一遍地看着自己对学生的信息记录,搜寻着脑海中每个学生的模样。9月6号报到结束的当天晚上,我去了学生宿舍,见到学生可以叫出每个学生的名字,使每一个学生都感受到老师无微不至的关心与重视。在新的大家庭中,大家很快找到了自己的存在感,求学虽远离家乡、父母、亲人,却零距离有了赵老师的陪伴。

一个女同学非常惊讶地问:"老师,您怎么知道我们的名字?""噢,我们已经见过了,因为喜欢你们,所以就记住了。"我这样回答。

"老师,那也说明您的记性好!"

是的,"好记性"源于对学生的爱、源于一份对学生的责任。

教师的语言表达能力在教师的能力结构中占有特殊的地位。同样的内容,同样的学生,不同教师的语言表达,效果截然不同。所以,语言表达能力很重要。为了取得良好的语言表达效果,在备课时,要多下功夫,尤其是新教师,应该坚持课前试讲,自己讲给自己,录下音,重复听自己的语言是否准确、简练、清晰、流畅、生动、形象,是不是具有逻辑性、启发性,是不是听着让人感觉有亲和力,是不是有口头禅？

教师的板书能力对课堂教学也有着至关重要的影响。如果课程开始的第一堂课的教学内容有教师的自我介绍，需要教师将自己的名字写到黑板上的话，教师首先练写自己的名字。当然，一手好字，不是一天练成的，要注意尽量通过其他方式弥补。比如：利用PPT讲课少写汉字，但适当板书是很必要的。另外还要用心设计板书内容呈现的格式，本来字不好，尽量别写歪了，一行一行整齐些。

课堂教学的组织能力是课堂教学成败的关键。教师要精心备课，制定教育教学工作计划、编写教案、组织教材，也就是通常说的"三备"：备教材，备学生，备教法，这是课堂组织的基础。有了这些基础，怎么实现呢？如果教师能集中学生的注意力，灵活调节课堂的教学进程，活跃课堂气氛，引导学生的思考，较好处理偶发事件等，这就是较强的课堂教学组织能力。简单地说，课堂教学的组织能力就是能够调动学生的学习积极性，把控课堂的能力。教师课堂教学组织能力的提高，是以了解学生为前提，综合运用教育理论、德育理论、心理学知识等，凭借着教师的道德、知识、智慧共同发挥作用的，它是一个教师应具备的能力中最主要能力。为此，教师要提高自己课堂教学的组织能力，就要苦练形成过硬的基本功，树立终身学习的教育理念，潜心育人，勇于实践，大胆创新，形成自己独特的风格。

具有良好的教育素养和教学组织能力的教师会在课堂教学中显露出较高的艺术性，能用自己真挚的感情、优美诙谐的语言、闪光的哲理、恰当的态势、合理的设计来管理自己的课堂，营造平等轻松和谐愉悦的课堂气氛，激发学生的学习兴趣。这样不仅会使学生更加喜爱上教师所任教的课程，而且会增添学生对教师的敬仰，进而提高课堂教学效果。

科研能力就是创新能力。科研来源于教学，又服务于教学。在教学工作中，教师要有科研意识。善于在工作中学习新知识，多多积累经验，潜心教学研究，就会有一些新的、好的想法和做法，就可以写出小文章。多思考、多读书，日积月累随着教学实践的增多，也可以申报一些课题。一句话：科研是勤奋的成果，是创新的结晶。

第三，教师良好的职业素养需要教师具有良好的心理素养。教师要有良好的心理素养的前提条件是教师自身要有健康的心理。教师的任务是教书育人，是"人类灵魂的工程师"。如果教师的心理不健康，将无法塑造学生健康的思想和灵魂，甚至会对学生的身心产生不良的影响和伤害，这是教育最大的危害。所以，教师自己首先要学会保持良好的心态，遇到问题时要能够运用理智控制和调节自己的情绪，对待学生要宽容豁达、随和坦率，富有幽默感，避免情绪波动、喜怒无常。在传授知识的过程中，要努力做好"课程思政"，要向学生传递积极向上的信息，不要向学生表达对社会、对制度或对人、对事的不满和牢骚。努力向学生展示自己积极上进的一面。教师要对学生宽容：每一个学生言行举止的形成都是有原因的，都受社会、家庭学校等多方面的影响，教师应接受并认可学生的现状，努力打开学生心灵，尽可能帮助他们，以高尚的人格感染学生，以博大的胸怀爱护学生。只有这样，才能保证教书育人的实效，学生才会"亲其师，信其道"，进而"乐其道"。同时，教师要重视并增强心理健康意识，自觉主动学习并拥有必要的心理健康知识，不仅能自己保持稳定的情绪，拥有健康愉悦的心态，而且有能力帮助学生及时有效地排解和梳理不良情绪，促使学生健康成长，做一个无愧于"人类灵魂工程师"称号的人民教师。

第四，教师良好的职业素养还需要教师热爱教育事业，忠诚教育事业，具有坚定的事业心和较强的荣誉感以及热爱学生的真挚情感，教师只有发自内心的热爱学生才会为学生的成长成才无私奉献，任劳任怨。

三、高职院校师生关系与数学教学

对于教师来说，不仅要教给学生知识，还要与生活背景、性格不同、学习能力也不同学生和睦地相处，这是一门科学、一门艺术。尤其是高职院校的数学教师，由于高职生数学知识基础薄弱，数学学习能力和学习兴趣也比较低，想要处理好师生关系更是具有很大的挑战性。

1. 高职院校数学教学需要和谐的师生关系

首先，高职院校数学课程标准要求数学教学中建立和谐的师生关系。高职院校数学课程标准中明确指出了培养高职生的知识目标、能力目标与素养目标。这些目标的达成度需要数学知识基础薄弱又对数学学习缺乏兴趣的高职生的高度主动参与。这就需要数学教师尊重和理解这些高职生，课下耐心与他们沟通交流，鼓励他们可以学好数学。课堂上营造轻松愉悦的教学环境，在学生学习上遇到困难时，要及时给他们提供帮助，用心地关注每一个学生，让他们参与到教学过程中，且不断进步。

其次，高职院校数学教学需要建立和谐的师生关系。数学是人类文化的重要组成部分，高职数学是高职生学习专业课程的基础，高职数学教学重在培养学生的思维能力、运算能力、空间想象能力、解决实际问题的能力。但同时数学又是一门有着高度抽象性特征和严密逻辑性特征的学科，学习能力不仅需要必需的知识储备还要学生有较高的逻辑思维能力，因此高职数学是让很多高职生害怕、畏惧甚至想放弃的一门学科，不少高职生是"谈数学色变"。曾有高职生对鼓励自己的数学教师说"高中数学就不会，现在又学高等数学，就不用考虑了。"面对丧失信心又缺乏学习兴趣的学生，以及数学课本上枯燥乏味的公式、定理，高职院校的数学教师的重任就是：让学生重拾信心，对数学老师产生亲近感，对老师教的数学不再抵触甚至产生亲近感，进而愿意对数学的学习投入较多的时间和精力。这时，学生对数学老师的信赖会在一定程度上降低他们对数学的厌烦和恐惧，甚至愿意在老师的帮助下尝试对数学的学习和探索。所以，建立和谐的师生关系，是数学教学的需求。

最后，高职生的身心发展需要高职院校数学教学中和谐的师生关系。高职院校的数学课程是针对大一学生开设的，很多高职生是中学毕业后第一次离开家，独立在大学学习。大学良好的课堂环境有助于培养高职生的自信和健康的心理。数学是大一公共课程中的核心课程。数学学得好，会让高职生信心倍增，数学学不好，也容易挫伤他们的学习积极性，甚至会让他们对专业的学习、职业的规划丧失信心。也有的学生因此变得沉默寡言，混天度日。因此，高职院校数学教师应该与学生建立和谐的师生关系，引导他们更理性地、更乐观、更有信心地认识数学课程，帮助他们建立学习与生活上的自信，用积极阳光的心态拥抱大学生活的每一天。有一些高职生因为学习困难再加上心理比较脆弱，容易产生抑郁。作为数学教师，除了向学生讲解各种数学知识点，还应时时鼓励他们，帮助他们排除心理上的各种问题，让他们对教师产生信任感，愿意把教师作倾诉的对象，这对于学生健全人格的培养以及学生今后的可持续发展有着重要作用。

2. 高职院校数学课堂中和谐师生关系的表现

高职院校数学课堂中和谐的师生关系首先表现为理解与尊重，数学课堂中有很多细节行为都能体现理解与尊重。例如，数学课堂中要理解、尊重学生之间所存在的差异性，对于差生不能漠不关心，不能用单一的标准去衡量所有学生，不能放过任何一名学生的缺点，要充分给予理解和自尊学生。在课堂上，要给每一名学生回答问题的机会，而且要认真倾听每一名学生的回答，即使一名学生的答案有99%的错误，作为教师也要对他进行1%成分的肯定；即使一名学生的答案是 100% 的错误，作为教师在对他的勇气进行肯定的同时给他答案的提示，让他可以继续思考，而不是随意全盘否定学生的回答，伤害学生的自尊心。一位教育家曾谈及到："不要以为学生什么都不懂，如果是这样，那么他们真的什么都不懂。"

教师既教书又育人，努力成为学生的良师益友，自觉建立起一个个师生相长的"情感共同体"、"学习共同体"。特别对于文化知识基础差的"后进生"、自律性差的"问题学生"，教师总是投入更多的爱心、耐心，课堂上多提问、多辅导，课后多关注、多沟通，与他们谈心、交朋友，激发他们的信心和学习兴趣，引导和帮助他们追求进步。

▼作者与学生的微信交流

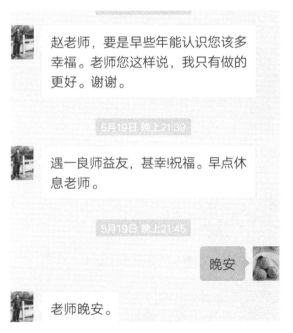

高职院校数学课堂中和谐的师生关系也表现为民主、轻松与学生参与度极高的教学过程。在数学教学过程中教师要精心备课，善于提出问题让学生分组讨论。讨论的合理分组以及讨论过程中教师的指导非常重要，如果不能恰到好处地组织小组讨论，不光耽误了教学时间，也会让课堂教学杂乱无序，但教师如果精心设计小组讨论的各个细节，可以让学生有极高的参与度，也能放松心情，激发他们的学习兴趣。另外，数学课堂适当引进各种辅助教学工具让数学教学变得更形象、有趣，使数学知识变得简单、易懂，也会吸引更多的学生学习数学，甚至能体验到学习带来的乐趣，进而变得喜欢学数学、乐于学数学，进而愿意走近教师，愿意与数学教师沟通、交流，从而促进和谐师生关系的构建。当然，营造民主、轻松与学生参与度极高的教学过程也需要数学教师巧用策略，合理运用表扬与批评艺术。尤其是对学困生和后进生要敢于批评，要有的放矢地进行批评，及时指出、制止和纠正学生的不良行为。比如：学生上课睡觉，如果教师听之任之，不去管理，学生也会感觉教师不关心自己。当然，对学生的批评不能是挖苦、讽刺，以免损伤学生的自尊心。

四、高职院校的教师素养之思考

我虽然已经当老师 27 年了，但很惭愧的是对于教师职业素养理论的学习并没有那么系统，尤其是新时代教师职业素养的学习我也是现在进行时。所以，只想结合自己的学习与实践谈一下自己的思考。

所谓职业素养是人们在从事某种职业活动时，应该遵守的行为规范。简单地说，职业素养就是行为规范，或者说是行为准则。行为是外在的表象，但促成行为的是内在的职业素养。

所以更准确一点说，职业素养是通过职业行为表现出来的。

由此可知：教师的职业素养是教师在从事教育活动时，应该具有的行为规范，教师的职业素养体现在教师的教育行为中。

我认为教师的职业素养主要包括师德素养、知识素养、能力素养和心理素养。前面已经提到了知识素养、能力素养和心理素养，这里重点阐述对师德素养的思考。

各行各业都有职业道德，我们教师也是，而且教师的职业道德有更高的要求。因为教师的职责是"教书育人"。

习近平总书记说：教师重要，就在于教师的工作是塑造灵魂、塑造生命、塑造人的工作。一个人遇到好老师是人生的幸运，一个学校拥有好老师是学校的光荣，一个民族不断涌现一批又一批好老师则是民族的希望。

习近平总书记也提出了"好老师"的"四有"标准，即有理想信念、有道德情操、有扎实学识、有仁爱之心。

教育部部长陈宝生在2018年11月教育部高等学校教学指导委员会成立的会议上说："育人先育己。"陈宝生部长指出：好老师要有"五术"：道术、学术、技术、艺术、仁术。其中：道术排第一。

其实，"四有"、"五术"的核心内容是一致的，这是一名好老师的基本要求。尤其是其中的"四有"、"五术"的"德"不仅仅是一名好老师的基本要求，也是一名合格教师的基本要求。

大学的根本任务就是立德树人。教师的职业特点决定了教师必须是道德高尚的人，"师者，人之模范也"。

在学生眼里，老师是"吐辞为经、举足为法"，我们的一言一行都可能给学生造成极大的影响。"高尚的师德，是对学生最生动、最具体、也是最深远的教育"。所以，我们教师要加强自身的师德建设，应该以德立教。而且，"德"不仅是思想，也体现在言行举止中。

"德"体现在工作之中就是要树立良好的师德形象。形象就是教师的一种外在表现。首先，这个外在表现，不是教师的相貌，也与教师的年龄无关。良好的师德形象的外在形象的要求是：课堂上教师的穿着要讲究，比如：要求学生不能穿拖鞋进教室，当然，老师也不能穿拖鞋上课。老师的穿着不能太随便，当然也不能太讲究。比如：男老师总是西装、领带，也可能显得太过庄重，甚至会给学生一种严肃、古板的感觉，无意拉大了与学生的距离。总之，教师的穿着一定要得体、大方、自然。

其实外在的形象也包括言谈举止。作为教师，不仅是自觉遵守教育法律法规，不得有违背党和国家方针政策的言行，也不能对学生发表对国家、社会、学校的政策，对领导、对其他同事的不满之类的言论，与学生交流不管是在任何场合都不要太随意，不说不负责的话。

良好的师德形象更重要的是对教师内在素养的要求：爱心、责任心。

爱是教育的灵魂，没有爱就没有教育。中央教科所所长朱小蔓曾经说过："是教育，首先应该是温暖的，是充满情感和爱的事业，爱学生是衡量一个教师师德水平的一把尺子。"夏丏尊先生说："教育没有情感，没有爱，如同池塘里没有水一样，没有水就不能成为池塘，没有情感，没有爱，也就没有教育。"

教师只有发自内心地爱学生，才会信任学生，才能精心地雕塑每一位学生，才能宽容学生所犯的错误。苏霍姆林斯基曾说："有时宽容引起的道德震动，比处罚更强烈。"宽容学生是教师的美德，教师对学生思维方式的宽容，可以使学生迸发个性的思想火花，更好展现创新、创造精神；教师对学生特殊行为方式的宽容，是尊重学生的个性发展特点，能使学生在宽松自由的环境中展示自我，相信自我，发展自我；教师对学生情感的宽容，是对学生人格的尊重。当然，宽容不是一味的包庇、放纵。对犯错误的学生，要明确指明错误之处与危害的后果，但切不可妄下断言，一棒子打死，要用发展的眼光来看待学生，学生是有着无限的发展可能性的。

教师爱学生，应该设身处地的真情实感。每个学生都是家里的宝，他们离开家来到学校，真的离不开教师的关心、爱护和帮助。而且，不同的学生，对他们的关爱方式也是不一样。比如：对于学习认真、有专升本愿望的学生，教师尽自己的努力了解一些升本的新政策，指导、帮助学生解答有关升本问题，就是对学生的爱。再比如：对于一些课堂上的手机奴、课堂上的昏睡者，或者经常旷课的"后进生"，教师应该给予他们更多的关心、耐心。比如：上课考勤，考勤完了，知道哪个同学没来，还要知道什么原因没来？尤其是对无故懒散缺课的学生，教师应该从关心、爱护的角度和这些学生交流，多一些鼓励，多一些耐心，一定会有成效的。

当然，对学生的爱还要讲究爱的方式、方法。比如：对课堂上的手机奴、昏睡者，不管他们不行，但要注意管的方式、方法。教师可以边讲课边走下讲台，在离他们最近的地方停下来，给他暗示或提示，制止他的行为；也可以通过课堂提问进行提醒。不过，应该注意的是：课堂提问不是提问睡觉的同学本人，而是提问他的前后座、左右座，这种办法还是比较有效的。

教师的劳动是一种复杂的、繁重的、高智能、艺术性的劳动，不是简单的、机械的、重复性劳动。俗话说："教学是一个良心活儿！"尤其是大学，如果教师没有一份对工作的责任心，是很难将工作做好的。教师的责任心就是对学生的学习、甚至对学生终身发展感到的自我的一种责任感。

英国哲学家伯特兰·罗素（Bertrand Arthur William Russell）说：一个理想教师的必备品质是具有博大的父母本能，如同父母感觉到自己的孩子是目的一样，感觉到学生是目的。

当教师感觉到了这种责任，就一定会有责任心。比如：作为一名数学教师，首先，我想让我的学生在我的课堂上能学到一些东西：显性知识、隐性知识，让学生有收益。当学生数学学习成绩不理想的时候，甚至跟我学了一年数学，没有学到东西，最后不及格挂科的时候，我觉得我就有责任，我就会反思：如果这个学生就是自己的孩子，那么，我为这个孩子尽最大努力了吗？我能为他做得更多一点改变这种状况吗？

作为教师，我们应该知道自己肩上的重任，要知道高职院校三年的大学生活，对每个学生来说，都是他们人生中非常珍贵的三年，这是他们走向社会的一个跳板。在教师的指导、管理下，高职生三年后，能拥有更丰富的专业知识，创新的精神，实践的能力吗？能有强健的体魄，完善的人格，宽广的气度，真诚的感情，广泛的兴趣，良好的习惯以及对母校对教师的深深眷恋吗？如果有学生能，你会因为有你的功劳而感到欣慰吗？如果有更多的学生不能，你会因为你没能助力而自责，或感到不安吗？一名高职院校的教师要不断反省以上问题。孟子的《离娄上》第四章中有一句话："行有不得，反求诸己。"教师对学生的爱心、对工作的责任心，是良好的师德形象的内在素养。

我作为一名教师 27 年耕耘在讲台上，没有因为个人的私事耽误过学生一节课。记得 2005 年 11 月体检，我被检查出患有肿瘤，需要马上手术，但慌乱之中还是想到了自己的学生、自己正在上的数学课，于是仍然坚持上完了一学期的课。直到 2006 年元旦那天放假停课后，我才做了手术，没有因此耽误学生一节课。还有，2006 年冬天的一个上午，我感冒高烧但仍坚持给水建 A061 班的学生上课。讲课过程中突然晕倒在讲台上，我的学生知道后还亲手折了"千纸鹤"对我表示关爱，收到了一罐全班同学亲手折的一只只五彩斑斓的纸鹤，我深深感受到了浓浓的师生情谊。

▼学生们手折的千纸鹤

第 七 章

对高职院校数学教学的思考

高等数学作为高职院校教育过程中一门重要的基础课程，对学生后续的发展起到了极大的作用，如何在有限的课时内，让高职生掌握必要的数学知识，让他们学会学习、学会独立思考、学会探索，提高他们的数学思维能力，是高职院校数学教师们一直探讨的问题。

一、专升本

一项问卷调查结果显示,近70%的夏季高考的普通高职生进入高职院校时有专升本的打算,但专升本考什么科目、怎么备考等一系列问题困扰着他们。

1. 专升本简介

专升本即专升本考试,是大学专科(高职高专)学生进入本科学习的选拔考试的简称,是中国教育体制大专层次学生升入本科院校的考试制度。其主要有两大类型:第一类是普通高等教育专升本(普通高校全日制统招专升本),选拔各省当年应届普通高校全日制(统招入学)的专科毕业生;第二类是成人教育大类专升本,这类专升本是非全日制的,属于国家承认的第二学历,目前这类专升本通常有自考专升本、成人高考专升本(业余,函授)、远程教育(网络教育)专升本、广播电视大学开放教育专升本四种形式。

(1)普通高校专升本(普通全日制)

统招专升本也就是在正规大学里面的全日制学习的专升本,全称为"选拔优秀高职高专毕业生进入本科学习统一考试"。正式文件中一般称为普通高校专升本,简称普通专升本,也称"统招专升本"、"普高专升本"、"全日制专升本"等,个别省份如河北省称之"普通高校专接本",江苏省称之"普通高校专转本",广东省称之"普通高校专插本"。

普通高校专升本是指在普通高等学校专科应届毕业生中选择优秀学生升入本科进行两年制的深造学习,修完所需学分,毕业时授予普通高等教育本科学历证书和学位证书,派发本科就业报到证。统招专升本属于国家计划内统一招录(统招),列入当年普通高校招生计划,享受与普通四年制本科同等待遇,是许多省份专科应届毕业生取得全日制本科学历的重要甚至是唯一途径。经过多年的实行,各省的专升本考试在改革中日渐成熟,参考人数也逐年上升。

（2）自考专升本

自考专升本是自考性质的本科,即独立本科段。自考专升本一般称为专套本,因为其学习形式自由,报考时间和专业不受限制,是非全日制的国家承认的第二学历,但文凭含金量相比后两者认可度要高,属于入学容易,毕业相对难一些的类型。因为没有入学考试、有专门的辅导班,且绝大部分课程在专科在校学习期间利用课余时间就能完成,所以很受学生欢迎。目前,在校高职生利用业余时间选择自考专升本的也占一定的比例。

（3）成考专升本

成考专升本即成人高等教育（成人高考）,参加国家统一的入学考试,考试统一,属于入学难一些,毕业相对容易的类型。成人高考分为专科阶段和专升本阶段,每年一次报考机会。学习形式为函授或业余,每年八月报名,十月参加成人高考,需要专科生毕业后才能参加,是非全日制的国家承认的第二学历,毕业后学生选择这种形式提高学历的也比较多。

（4）网络教育专升本

网络教育也是国家一种高等教育制度,其性质大体和成人高考差不多,也是需要入学考试,但区别是学校自己命题和阅卷,分春秋季招生。属于入学、毕业相对容易的类型,是非全日制的国家承认的第二学历,但文凭含金量不比以上的形式更高。

（5）电大专升本

俗称的电大并不是指某一所具体的学校,它是由中央广播电视大学,省级广播电视大学,地市级、县级广播电视大学分校和工作站组成的覆盖中国大陆的远程教育系统。与其他成人高校一样,主要面向高考落榜或因为其他种种原因丧失学习机会的社会人员,和需要提高学历层次的在职人员。与高等教育自学考试类似,宽进严出,学习形式有脱产(即全日制,类似普通高校)、半脱产(半工半读)、业余等多种选择。不同的是自考以自学为主,电大通过计算机网络、卫星电视等现代传媒技术进行学习,参加国家安排的统一考试,获得专科本科学历,是非全日制的国家承认的第二学历。

2. 山东省的普通高校专升本

各省普通高校专升本选拔各有不同。近年来,山东省对于普通高校专升本的改革也不在断进行之中,2017年9月山东省教育厅发鲁教学字〔2017〕21号文《关于调整普通高等教育专科升本科考试录取办法的通知》,通知中详细介绍了2018—2019年专升本考试录取办法与2020年起专升本考试录取办法。

具体内容是:

(1)2018—2019年专升本考试录取办法

2018—2019年,山东省专升本考试科目分为公共基础课和专业综合课。其中公共基础课2门,专业综合课1门,均由省教育招生考试院统一命题,统一组织考试,统一组织评卷。公共基础课每门满分100分,每门考试时间120 min;专业综合课满分150分,考试时间150min。其中,公共基础课包括英语(公共外语课为俄语或日语的分别考俄语或日语,公共外语课为其他小语种和报考外语类专业的考大学语文)、计算机(报考计算机类的考高等数学)。而专业综合课是把考生报考的本科专业按照所属(或相近)原则划分为14个类别,以每个类别的专业基础课程为依据,命制1门专业综合课试题。

(2)2020年起专升本考试录取办法

2020年起,依据学生高职(专科)在校期间的综合素质测评成绩设置了专升本考试的报名条件是考生整个专科阶段的综合素质测评成绩排名,不得低于同年级、同专业的前40%〔其中,综合素质测评由学生所在院校具体组织实施,时间涵盖整个高职(专科)学习阶段。以提升学生的知识、素质、能力为目标,以课程学习成绩(学分绩点)为基础,参考学生的思想品德状况和创新创业能力,统筹确定学生的综合素质测评成绩,其中课程学习成绩(学分绩点)所占比例不少于80%〕。同时,考试取消专业综合课考试科目,增加公共基础课考试科目。考试设4门公共基础课考试科目,包括英语(公共外语课为其他小语种的考政治)、计算机、大学语文、高等数学,由省教育招生考试院统一命题,统一组织考试,统一组织评卷。每门满分100分,共400分。每门考试时间120 min。其中,招生专业共分12个学科门类,考生所报本科专业,应与本人专科所学专业相同或相近。高等数学根据学科门类确定了对应的高等数学Ⅰ、高等数学Ⅱ、高等数学Ⅲ,其考试范围和难度依次减低。学科门类与考试科目如下:

山东省2020年专升本专业类别设置及考试科目

招生专业所属学科门类代码	招生专业所属学科门类(考试门类)	考试科目
01	哲学	1. 英语(政治)
03	法学	2. 计算机
04	教育学	3. 大学语文
05	文学	4. 高等数学Ⅲ
06	历史学	
13	艺术学	
02	经济学	1. 英语(政治)
09	农学	2. 计算机
10	医学	3. 大学语文
12	管理学	4. 高等数学Ⅱ
07	理学	1. 英语(政治)
		2. 计算机
08	工学	3. 大学语文
		4. 高等数学Ⅰ

(3)2020年专升本的其他说明

一是高职(专科)学生报考是职业院校与本科高校"3+2"对口贯通分段培养当年转段的学生或者既有普通高等教育专科(高职)毕业学

历又有山东省辖区户籍的退役士兵不设综合素质测评成绩的限制,可以直接报考。其中,退役士兵专升本实行单列计划、单独划线、单独录取,志愿填报、投档录取要求与高校推荐考生相同。招生高校及计划的安排,按照40%的总体录取比例统筹确定。二是2020年1月山东省教育厅发鲁教学字〔2020〕1号文,文中指出:应届专科毕业生可通过高校推荐或考生自荐的方式获得报考资格,其中,考生自荐需要通过招生高校的专业综合能力测试后才能获得报考该校的资格。三是国务院总理李克强在2020年2月25日主持召开国务院常务会议,推出鼓励吸纳高校毕业生和农民工就业的措施,指出要"扩大今年硕士研究生招生和专升本规模"。全国专升本招生预计同比增加32.2万人,其中山东省专升本的原计划招录21050人,现扩招109.16%,招生人数达44030人。

3. 普通高校专升本视角下的数学教学思考

普通专升本考试招生是国家教育考试招生的组成部分,承担着为本科高校选拔优秀人才的任务。全国各省的普通专升本考试各有特色,以山东省为例,经过多年的探索改进,这种考试由结果性考试变为注重过程发展的全程性考核,较好扭转了片面的应试导向,有利于指导高职(专科)院校切实贯彻落实好专业人才培养方案,帮助学生提高他们的专业素养,助力提升高职(大专)教育人才培养质量。同时,这种考试也利于在学生之间建立良性竞争机制,增强他们的学习动力,形成比学赶超的学习氛围,有利于高职(大专)院校培养出更多适应经济社会发展的高素质专门人才。

我国高等职业教育的目标是培养高素质的技能型人才,注重高职生实践应用和操作能力的提升。近年来,高职院校不断加强各重点专业课程的教学建设,从而导致数学课程的学时不断减少,同时考虑到高职生数学基础普遍较差的现状,高职院校数学教学应该本着"结合专业,兼顾升学"的原则,坚持为专业课课程的学习夯实基础的同时,兼顾升学深造,多种形式、多种方法、多种渠道拓展数学教学内容。

（1）模块化教学

高职院校数学课程设置三个模块：必修模块，应用模块与选修模块。必修模块包括一元函数微积分的基本内容，为公共必修内容；应用模块是根据学生的专业设定的内容。例如电子等相关专业选修线性代数，机电等相关专业选修级数，计算机等相关专业选修数值算法，物流等相关专业选修统计初步等内容。选修模块是针对学生的个性化需求设置不同的内容，主要有数学提升班、数学建模和数学文化等。其中，数学提升班主要是满足专升本、自学考试和参加省数学竞赛的学生需要。

通常情况下，高职院校的数学课程在第一、第二学期开设，学时在60～100学时之间，这远不能满足专升本学生的数学学习需求。在第三、第四学期可以针对数学爱好者和专升本的学生开设数学提升班。针对山东省专升本的数学考试大纲，数学选修课可以分成数学Ⅰ、数学Ⅱ和数学Ⅲ。其中，数学Ⅰ是针对理工科的考生补充与加深讲解一元函数微积分、常微分方程、无穷级数、空间解析几何与向量代数以及多元函数微积分；数学Ⅱ是针对经济、农、医和管理类的考生偏重经济与应用的微积分学习；数学Ⅲ是针对哲学、法学、教育学、文历和艺术类各专业专升本考生讲解最基础的一元函数微积分。

（2）线上与线下结合，分层教学

近年来高职生数学基础普遍较差，但班级框架内学生的数学认知基础、学习能力仍然存在明显的差异。有没参加高考的，有高考数学成绩是30分的，也有60分的，还有个别100多分的；学生的学习目标也有明显的不同：有想混学分不挂科就行的，有想学好数学准备参加普通专升本考试的。在课堂教学中，很难在教学内容的广度与深度上满足全体学生的需求。因此，通过线上与线下结合教学，可以更好地因材施教，以尽量满足专升本学生的数学学习需求。例如：教师可以将扩展的知识、例题通过线上教学推送给学生，也将每次的课后作业题分成基本题、巩固题与提高题三种类型，以便让学生根据自己的学情选做，实现分层教学的效果,使班级框架内学生有机会按照专升本的要求学习数学内容。

二、《悉尼协议》视角下的数学教学

1.《悉尼协议》的简介

西方国家在 20 世纪中期已经意识到地区实行实质等效的人才互认的重要性,八九十年代已经形成了相对成熟的专业认证体系。到 21 世纪,根据工程职业能力的分类,工程专业教育认证体系被国际组织分为:针对"专业工程师"的《华盛顿协议》(1989 年发起)、针对"工程技术专家"的《悉尼协议》(2001 年发起)和针对"工程技术员"《都柏林协议》(2002 年发起)。三协议一起构成了三个不同等级的工程教育学历互认国际性协议。

《华盛顿协议》是对四年学制工程师的学历教育认证;《都柏林协议》是对两年学制工程技术工人的学历教育认证;而《悉尼协议》则是对三年学制工程技术员的学历教育认证。相比较而言,《悉尼协议》更接近于我国的高职教育。2001 年 6 月由澳大利亚、加拿大、爱尔兰、新西兰、南非、英国和中国香港 7 个国家或地区签约发起了《悉尼协议》,随后,2009 年美国、2013 年韩国、2014 年中国台湾也相继签约加入了《悉尼协议》。

2016 年我国已加入《华盛顿协议》,目前尚未加入《悉尼协议》。随着"中国制造 2025"、"一带一路"倡仪和"国际产能合作"战略的实施,我国需要高等教育提高人才培养质量和人才的国际流动能力,在专业建设上要对接国际标准,因此加入《悉尼协议》,参与国际认证将成为我国高职工程教育改革和发展的一大趋势。

2.《悉尼协议》与高职院校数学课程改革

高职院校数学课程既是职业教育中的工具课程，又是素质教育中满足高职生作为合格的自然人和职业人发展需求的通识课程。因此，高职院校数学课程迎合社会以及行业发展的需求是非常重要的，不能仅仅局限于眼前的需求，要放眼社会，甚至放眼国际。

《悉尼协议》的主要内容有七个标准和三个核心。七个标准是从培养目标、学生发展、毕业要求、课程体系、教师队伍、支持条件、持续改进七个方面提出的认证标准；三个核心是"以学生为中心"、"以结果为导向"、"倡导持续改进"的核心理念。这七个标准和三个核心与高职院校数学课程息息相关。

（1）《悉尼协议》视角下的高职院校数学课程教学内容

《悉尼协议》培养目标的知识要求有 8 个方面：SK1~SK8，其中，SK2 是掌握支持子学科模型分析和使用的数学、数值分析、统计、计算机与信息科学的概念性知识。同时《悉尼协议》还规定了毕业生应具有的能力和素质。这些明确的知识、能力和素质要求为高职院校数学课程教学内容的改革指明了方向。

首先，教学内容上扩大知识覆盖面的同时应降低课程难度，调整知识点的构成。例如，基础知识讲授部分除了详细精讲一元函数微积分外，还要让学生掌握多元函数微积分、常微分方程以及线性代数。无穷级数、概率与数理统计部分的基本知识可以结合各专业的不同特点，分模块进行。比如，机电一体化专业学在模块教学过程中就应当细致讲解拉普拉斯变换和 Z 变换的内容。

其次，在模块教学中增加数值计算方法。可以根据专业需求增加方程近似解求法、函数值与样条插值、数值微分、数值积分、常微分方程数值解法等。

再次，增加数学文化。数学文化可以是讲座，或以选修的形式开设。

最后，根据不同专业开设具有较强针对性的数学实验。可向学生介绍 Mathematica、MATLAB、Lingo 等数学软件，通过数学实验让学生掌握专业学科模型，学会运用计算机信息技术解决问题。

（2）《悉尼协议》视角下的高职院校数学课程教学方法

《悉尼协议》中"以学生为中心"的核心理念呼唤高职院校数学教学方法的改革。从以"教"为中心转变为以"学"为中心；以"教师"为中心转变为以"学生"为中心。在课堂教学中少一些"填鸭讲解式"教学，多一些"启发式"、"讨论式"。注重学习方法的引导，利用信息化的手段，发挥学生的主观能动性。同时，加强在线开放课程平台建设，将课程知识点分割，制成微课，有步骤地建设在线开放课程平台，让学生根据自己的情况进行查漏补缺，巩固理论知识，更好实现因材施教。

当前的精品资源共享课程建设、先电网络教学平台建设，为高职院校数学课程实现学生"先学"、教师的"后教"成为可能，这有利于改变学生的学习习惯和学习方式，提高学生的学习主动性，保证学生在课堂上的主体地位，帮助学生养成终生学习的习惯。

（3）《悉尼协议》视角下的高职院校数学课程评价

《悉尼协议》中"以结果为导向"的核心理念，要求多维度可持续地对学生、课程、学校进行评价，这样的多维度的评价可以保证评价结果的客观性、全面性和有效性。而数学课程多维度的评价主要包括被评价的对象以及评价的时间、方法、内容、评价人的多元化。

《悉尼协议》中对学生的知识、能力和素养提出了明确的培养目标，培养目标达成度的课程设计是否科学、合理，需要对课程进行评价。就数学课程的评价而言，要评价数学课程的教学内容、教学方法以及学习过程与结果评价的方式，而且评价人要包括数学教师、学习者(学生)、专业教师、用人单位、优秀毕业生等。比如：毕业生在毕业一段时间后可以对数学教学内容进行评价；专业教师可以根据学生专业课程学习过程的表现，评价数学知识目标达成度；用人单位与专业教师可以评价数学课程目标中提升的能力知识是否为培养目标中职业所需的能力知识。当然，对课程的多维度评价需要建立科学、合理的网络评价系统。

数学教师的教学态度、教学能力、专业素养直接影响到数学课堂的教学质量，要建立科学的教师评价系统。对教师的评价者应该是学生、听课的领导、老师以及参与和了解教师教学情况的一切人员；评价的内容应该是多方面的、客观的、注重细节的、建议性强的，而不是仅仅通过一个分数来体现；评价的时间是相对自由的，每学期的开课过程中，应该一直开放评价系统，评价者可以随时对一节课、一个知识点、一种教学方法、一种课堂现象进行评价；评价次数有下限（学生每学期至少评价一次），但是没有上限；评价者可以是匿名评价的，但评价内容必须能被评价教师及时获悉，便于教师改进，而且每学期被评价的教师都应该整理评价建议，制定出整改措施，并积极落实。

对学生知识、能力与素养达成性的评价，要坚持评价的多元化。评价以《数学课程标准》的总体目标为出发点，结合实际教学实践来进行。《数学课程标准》在总体目标中关于知识与技能、数学思考、解决问题、情感与态度，这四个方面都对学生提出了具体的要求，这些要求既是学生的学习目标，又是对学生的评价内容和标准。在评价过程中，既要关注学生知识与技能的理解和掌握，又要关注他们情感与态度的形成和发展，更要关注他们职业能力与职业素养的提高。坚持评价手段和形式的多样化，将过程评价与结果评价相结合，定性与定量相结合，智力因素评价与非智力因素评价相结合；实现评价的过程从静态转到动态，由封闭转向开放。

（4）《悉尼协议》视角下的高职院校数学教师队伍

《悉尼协议》师资队伍部分对教师的数量、质量也提出了要求。首先，要求教师应有足够的时间和精力投入到高职教学和学生指导中，并积极参与教学研究与改革。在高职院校中，数学课程属于理工科各专业必修的基础课程，教学工作量较大。应适当增加包括兼任、外聘教师在内的数学教师队伍的数量，保证合理的师生比，控制数学教师每学期课堂总学时量。其次，应进一步提高数学教师团队的教学能力与科研能力，加强对数学教师的培训。最后，数学教师必须明确自己在教学质量提升过程中的责任，不断更新教育观念、主动自我提升、改进工作，满足培养目标要求。

（5）基于《悉尼协议》的高职院校数学教学思考

《悉尼协议》通过制定国际化标准，为高职院校的教育改革指明了方向。但我国有自己的文化背景和教育特色，要在充分考虑我国国情的前提下，理解、借鉴与对接《悉尼协议》，既不能全盘自我否定，也不能故步自封，而应将两者充分融合；既吸取《悉尼协议》中具有指导意义的精华，又不抛弃教育工作者多年辛苦得来的经验与教训。

客观面对我国高职院校的发展现状，遵循高职生的发展规律和发展需求，全面分析当前高职院校数学课程教学现状，数学教学改革不能违背教学本身的特征和内涵。因此，在教学形式上，采取传统教育方式和模块、信息化教育方式相结合的教学形式。对于高等数学教学而言，基础知识的理解与练习是不可缺少的，为专业服务的背后是加强对高职生数学能力和数学思想的培养。

"千里之行，始于足下"，浅谈基于《悉尼协议》的高职院校数学课程改革，还是要从基础做起，从现实做起，从现在做起，使高职院校数学课程教学效果不断提高。

三、HPM

1. HPM 简介

数学史对数学教育的意义在 19 世纪已经引起西方数学史家的注意，法国数学家泰尔凯、英国数学家德摩根等都是其中重要的先驱者。20 世纪上叶，一些欧美数学家，如卡约黎、庞加莱、史密斯等大力提倡数学史在数学教学中的运用。自 1972 年在英国埃克塞特举办的第二届国际数学教育大会(ICME-2, United Kingdom, Exeter, 1972)上，美国的 P. S. Jones 和英国的 L. Rogers 组织成立数学史与数学教学关系国际研究小组(International Study Group on the Relations between History and Pedagogy of Mathematics.简称 HPM)以来，数学史与数学教育关系这一学术研究领域在各个国家和地区蓬勃发展起来，基于 HPM 思想的教学理论与实践研究都取得了令人瞩目的进展与成就。HPM 研究正式进入我国是从张奠宙教授 1998 年参加法国马赛 HPM 会议开始。张教授回国后呼吁重视数学史在数学教育中的应用，并在国内第一次提出了"HPM"这个术语。HPM 研究的目标是通过数学历史的运用，提高数学教育的水平。2005 年西北大学成功举办了我国第一届 HPM 会议，2008 年河北师范大学成功举办了我国第二届 HPM 会议，2009 年北京师范大学成功举办了我国第三届 HPM 会议，2011 年华东师范大学成功举办了我国第四届 HPM 会议，2013 年上海社会科学院成功举办了我国第五届 HPM 会议。目前，我国该领域的学术共同体已悄然形成，研究成果日益丰富，有关的硕士和博士学位论文逐年递增，数学史、数学文化融入数学教学的理念逐渐深入人心，立足课堂教学、自下而上的实践探索已经成为 HPM 研究的重要方向。但目前国内外的研究主要侧重于理论研究，而且研究者大都是大学师范类专业，针对高职院校的 HPM 研究很少，教学实践探索更少。而山东省高职院校的 HPM 研究与实践更是一个方兴未艾的学术研究领域。

2. HPM 融入高职数学教学的意义

（1）让高职生学习有文化的数学

HPM 融入高职数学教学，能让高职生看到数学在人类文明进程中的产生、发展和影响，使他们认识到数学并非冷冰冰的数字关系和理性思维，而是人类发展历程的一部分，是人类璀璨文化的主要代表，从而在学习数学的同时获得文化的熏陶。

（2）加深高职生对数学思想、方法的认识

数学最为基本的知识就是数学的思想、方法，只有掌握了这些思想、方法的实质，才能学以致用。而这些思想、方法恰恰因为其抽象性让很多学生对其望而却步。HPM 融入高职数学教学，可以让学生了解历史上数学家们的探究历程，掌握数学与社会发展的关系，更加清楚数学的思想、方法如何由日常生活经验上升为抽象的概念和方法，在经历历史的过程中获得知识的构建，使抽象的数学概念和方法显得新鲜而生动。

（3）激发高职生学习数学的积极性

数学这门学科由于其自身特质，理论、逻辑推理性相对较强，不少高职生数学知识基础薄弱，缺少学习数学的信心与兴趣，被动学习数学、应付考试的现象普遍存在。HPM 融入高职数学教学，可以使高职生领会那些枯燥的符号、公式、定理的发展意义以及简洁美，转变高职生对于数学的观念。在教学过程中，向学生渗透一些数学小故事、人生感悟也能对教学内容进行丰富，进而有效提升学生的学习兴趣。例如：在学习概率相关知识时，先向学生阐述这门学科的发展史：概率论最早诞生于 17 世纪，帕斯卡、费尔马等数学家通过研究赌博问题而引出了这一课题，也可以概述概率知识在保险、彩票、人口统计等众多领域中的应用。

3. HPM 融入高职数学教学的原则

（1）贴近性原则

HPM 融入高职数学教学基本目标是提升教学效率，实现教学目标，因此 HPM 的教学内容设计应当贴近数学教学内容，贴近高职生的所学专业；教师在进行教学设计的过程中应当结合教学内容进行设计。例如：讲"克莱姆法则"时，会简介数学家克莱姆；讲"拉格朗日中值定理"时，会简介数学家拉格朗日；讲"极限"时，会介绍极限的产生发展过程。在给经管类专业的学生讲分段函数时，可以结合工资纳税、邮递费用、出租车费的表示方式；讲函数的极值、最值时，可以引用用料最省、利润最大的生活中的实际问题；讲无穷级数时，可以引用芝诺悖论之一：古希腊神话中善跑的英雄阿基里斯和乌龟的赛跑问题。

（2）趣味性原则

数学学习中存在着大量的定理公式，这些内容学习相对比较困难，学生需要花费更多的精力进行学习。在实际教学中，教师可以结合教学内容设计一些具有趣味性的教学活动，能够让学生参与进来；讲述一些具有趣味性的史料故事，调动学生的学习兴趣。例如：讲"洛必达法则"时，可以向学生介绍"洛必达法则"不是洛必达本人的法则，而是洛必达的老师的成果。

（3）开放性原则

在实际教学过程中，教师必须遵照开放性原则选择 HPM 的教学内容，开拓学生的视野。例如现代化发展过程中，矩阵的运算可以应用于军事通信中的加密与解密问题；日本在二战后迅速提升其国际竞争力，可以用数理统计中的 QC 来解释；我国考古的断代技术应用了数学微分方程等等。

4. 典型 HPM 资源

最早的极限思想：公元前 770—前 221 年，在《庄子》"天下篇"中记录："一尺之棰，日取其半，万世不竭。"这句话的意思是：有一根一尺长的木棍，如果一个人每天取它剩下的一半，那么他永远也取不完。庄子这句话充分体现出了古人对极限的一种思考，也形象地描述出了"无穷小量"的实际范例。迄今为止，微积分中也常常用这个例子来进行教学的导入。

极限的早期使用：公元前 3 世纪，古希腊数学家安提丰（Antiphon）提出了"穷截法"，即在求解圆面积时提出用成倍扩大圆内接正多边形边数，通过求正多边形的面积来近似代替圆的面积。但安提丰的做法却让许多的希腊数学家产生了"有关无限的困惑"，因为在当时谁也不能保证无限扩大的正多边形能与圆周重合。通过多边形边数的加倍来产生无限接近的过程，从而出现"差"被"穷竭"的说法虽然不合适，但在现在看来，这个所谓的"差"却构造出了一个"无穷小量"，因此也被认为是人类最早使用极限思想解决数学问题的方法。在中国公元 3 世纪，刘徽（约 225—295）在《九章算术注》中创立了"割圆术"。用现代的语言来描述他的方法即是：假设一个圆的半径为一尺，在圆中内接一个正六边形，在此后每次将正多边形的边数增加一倍，从而用勾股定理算出内接的正 12 边、24 边、48 边等多边形的面积。这样就会出现一个现象，当边数越多时，这个多边形的面积就越与圆面积接近。刘徽运用这个相当于极限的思想求出了圆周率，并且由于与现在的极限理论的思想很接近，从而他也被誉为在中国历史上第一个将极限思想用于数学计算的的人。

极限定义的产生：直到 17 世纪为止，安提丰制造的"极限恐慌论"一直在阻挡着极限的发展。到了 17 世纪，牛顿、莱布尼茨利用极限的方法创立了微积分，但在那个时候，他们的极限理论还不是十分的严密清楚。经过 18 世纪到 19 世纪初，微积分的理论和主要内容基本上已经建立起来了，但几乎它所有的概念都是建立在物理和几何原型上的，带有很大程度上的经验性和直观性。直到法国数学家柯西才明确地描述了极限的概念及理论，无穷小的本质也因此被揭露出来了。1821 年柯西在拉普拉斯与泊松的支持下发表了《代数分析教程》，书中脱离了一定要将极限概念与几何图形和几何量联系起来的束缚，通过变量和函数概念从开始就给出了精确的极限定义：假如一个变量依次取得的值无限趋近于一个定值，到后来这个变量与定值之间的差值要多小就多小，那么这个定值就是这所有取得的无限接近定值的变量的极限值。可是，柯西的极限定义还是存在着一些问题，比如他所谓的"无限接近"、"要多小有多小"这些概念都只能在头脑中想象，不能摆脱在头脑中的几何直观想象来建立数学概念的方法。

极限定义的完善：为了摆脱极限定义的几何直观思维方法，19 世纪后半期，德国的维尔斯特拉斯（Weierstrass，1815—1897）研究出了一个纯算术的极限定义。维尔斯特拉斯用实数描述出了极限定义。他先把变量设为一个字母，而这个字母可以取能取集合中的任意一个数，一个连续变量。

微积分的思想萌芽：微积分的思想萌芽，部分可以追溯到古代。在古代希腊、中国和印度数学家的著作中，已不乏用朴素的极限思想，即无穷小过程计算特别形状的面积、体积和曲线长的例子。欧洲古希腊时期安提丰的穷竭法在欧多克斯（Eudoxus，公元前409—前356）那里得到补充和完善。之后，阿基米德（Archimedes，公元前287—前212）借助于穷竭法解决了一系列几何图形的面积、体积计算问题。他的方法通常被称为"平衡法"，实质上是一种原始的积分法。他将需要求积的量分成许多微小单元，再利用另一组容易计算总和的微小单元来进行比较。但他的两组微小单元的比较是借助于力学上的杠杆平衡原理来实现的。平衡法体现了近代积分法的基本思想，是定积分概念的雏形。与积分学相比，微分学研究的例子相对少多了。刺激微分学发展的主要科学问题是求曲线的切线、求瞬时变化率以及求函数的极大值极小值等问题。阿基米德、阿波罗尼奥斯（Apollonius，约公元前262—前190）等均曾作过尝试，但他们都是基于静态的观点。古代与中世纪的中国学者在天文历法研究中也曾涉及到天体运动的不均匀性及有关的极大、极小值问题，但多以惯用的数值手段（即有限差分计算）来处理，从而回避了连续变化率。

微积分的创立：牛顿对微积分问题的研究始于1664年秋，当时他反复阅读笛卡儿的《几何学》，对笛卡儿求切线的"圆法"发生兴趣并试图寻找更好的方法。就在此时，牛顿首创了小 o 记号表示 x 的无限小且最终趋于零的增量。据他自述，1665年11月发明"正流数术"（微分法），次年5月又建立了"反流数术"（积分法）。1666年10月，牛顿将前两年的研究成果整理成一篇总结性论文，此文现以《流数简论》著称，当时虽未正式发表，但在同事中传阅。《流数简论》是历史上第一篇系统的微积分文献，反映了牛顿微积分的运动学背景。在牛顿以前，面积总是被看成是无限小不可分量之和，而牛顿则从确定面积的变化率入手通过反微分计算面积，而且将面积计算与求切线问题的互逆关系明确地作为一般规律揭示出来，并将其作为建立微积分普遍算法的基础。正如牛顿本人在《流数简论》中所说：一旦反微分问题可解，许多问题都将迎刃而解。这样，牛顿就将自古希腊以来求解无限小问题的各种特殊技巧统一为两类普遍的算法——正、反流数术亦即微分与积分，并证明了二者的互逆关系而将这两类运算进一步统一成整体。这是他超越前人的功绩，正是在这样的意义下，我们说牛顿发明了微积分。在《流数简论》的其余部分，牛顿将他建立的统一的算法应用于求曲线切线、曲率、拐点、曲线求长、求积、求引力与引力中心等 16 类问题，展示了他的算法的极大的普遍性与系统性。

微积分的发展：在牛顿和莱布尼茨之后，从 17 世纪到 18 世纪的过渡时期，法国数学家罗尔（1652—1779）在其论文《任意次方程一个解法的证明》中给出了微分学的一个重要定理，也就是我们现在所说的罗尔微分中值定理。微积分的两个重要奠基者是伯努利兄弟雅各布（1654—1705）和约翰（1667—1748），他们的工作构成了现今初等微积分的大部分内容。其中，约翰给出了求型的待定型极限的一个定理，这个定理后由约翰的学生洛比达（L'Hospital，1661—1704）编入其微积分著作《无穷小分析》，现在通称为洛比达法则。18 世纪，微积分得到进一步深入发展。1715 年数学家泰勒（1685—1731）在著作《正的和反的增量方法》中陈述了他获得的著名定理，即现在以他的名字命名的泰勒定理。后来麦克劳林（1698—1746）重新得到泰勒公式在 x → 0 时的特殊情况，现代微积分教材中一直将这一特殊情形的泰勒级数称为"麦克劳林"级数。雅各布、法尼亚诺（1682—1766）、欧拉（1707—1783）、拉格朗日（1736—1813）和勒让德（1752—1833）等数学家在考虑无理函数的积分时，发现一些积分既不能用初等函数，也不能用初等超越函数表示出来，这就是我们现在所说的"椭圆积分"，他们还就特殊类型的椭圆积分积累了大量的结果。18 世纪的数学家还将微积分算法推广到多元函数而建立了偏导数理论和多重积分理论。

常微分方程：常微分方程是伴随着微积分一起发展起来的。从 17 世纪末开始，摆的运动、弹性理论以及天体力学等实际问题的研究引出了一系列常微分方程，这些问题在当时以挑战的形式被提出而在数学家之间引起激烈的争论。牛顿、莱布尼茨和伯努利兄弟等都曾讨论过低阶常微分方程，到 1740 年左右，几乎所有的求解一阶方程的初等方法都已经知道。1728 年，欧拉的一篇论文引进了著名的指数代换将二阶常微分方程化为一阶方程，开始了对二阶常微分方程的系统研究。1743 年，欧拉给出了 n 阶常系数线性齐次方程的完整解法，这是高阶常微分方程的重要突破。1774—1775 年，拉格朗日用参数变易法解出了一般 n 阶变系数非齐次常微分方程，这一工作是 18 世纪常微分方程求解的最高成就。在 18 世纪，常微分方程已成为有了自己的目标和方向的新数学分支。

微积分思想形成与方法论：微积分从产生到定型成今天的形式，经历了三个不同的阶段：以神秘的无穷小为基础的牛顿和莱布尼茨阶段；以动态的极限概念为基础的柯西阶段和以静态的量的概念为基础的外尔斯特拉斯阶段。三个阶段之间既有内在联系，又有认识上的区别，是一个不断发展和运动的历史演变过程。这其中体现了一种唯物辩证法的科学方法论。

矩阵：1850 年，英格兰的西尔维斯特（J. J. Sylvester）首先提出了矩阵（matrix）这个词，它来源于拉丁语，代表一排数。在 1858 年凯勒（Arthur Cayley）建立了矩阵代数运算法则。矩阵广泛应用于观测、导航、机器人的位移、密码通信、模糊识别的诸多领域。

概率论：是一门研究随机现象的数学规律的学科。它起源于 17 世纪中叶，当时刺激数学家们首先思考概率论的问题，却是来自赌博者的问题。费马、帕斯卡、惠更斯对这个问题进行了首先的研究与讨论，科尔莫戈罗夫等数学家对它进行了公理化。后来，由于社会和工程技术问题的需要，促使概率论不断发展，隶莫弗、拉普拉斯、高斯等著名数学家对这方面内容进行了研究。

↗↗↗ 四、数学走进专业

高等数学的基础性地位，决定了它必须为专业基础课和专业课服务，专业课需要什么实用性的数学知识，高等数学课就要提供这些知识。为此，数学必须走进专业，坚持数学与专业结合。

多数学生希望好好学习专业课程，将来有一技之长。而教师应当让学生看到数学与专业的密切联系，让学生感到确实能够用数学知识解决专业问题，实实在在感受到数学的实用性。

1. 认清数学课在各专业中的地位、作用及任务

理工科各专业主干课程的实现都必须借助于一定的数学知识做基础，许多工程(技术)问题归根结底是数学问题。数学必须走进理工科专业，这样能使数学更好地与专业基础课及专业课相结合，体现数学的价值所在，提高数学在专业课程设置及改革中的重要地位。为此，高等数学课教学内容的选取与确立，必须坚持"数学与专业结合""掌握概念，强化应用，培养技能"的原则，体现"注重应用，提高素质"的高职特色。

根据理工科各专业培养目标以及高等数学课的特点，高等数学课程教学的任务是：运用"模块案例一体化"的教学思想，即"案例驱动"教学法，努力实现数学知识模块与工程(技术)案例的融合，缩短数学课与专业知识间的距离；突出数学知识在理工科各专业中的应用性与实践性，培养学生形象思维、逻辑推理、观察综合、应用计算和解决专业问题的数学思维习惯及能力；提高学生"将数学知识专业化和将专业知识数学化"的相互贯通能力；解决数学知识的实用性与学

生的可持续发展问题，为下一步学习各专业课程奠定坚实的基础。

高职学生掌握基本的高等数学知识是学习专业课的前提条件和必要基础，尤其对于理工科院校的学生来说，更是如此。因此，数学课教学不能削弱，反而应该加强。理工科各专业改革无论怎样进行，必须明确数学课在专业课中的重要地位和作用，不能随意删减教学内容；否则，将违背教学规律，影响学生对专业课的学习。

2. 数学必须走进专业

"高等数学"作为一门公共基础课，具有"理论性、工具性、专业性、应用性和文化性"等特性。对于高职院校的数学课，根据专业培养目标则应侧重于其"专业性"和"应用性"，专业性是指数学课应为专业基础课和专业课服务；应用性亦即实践性，是指数学知识在工程、技术、经济等领域中的实际应用，这是高职院校数学课教学的特色。高职院校培养的学生毕业后直接面向生产实践第一线。为此，各专业课教学应紧紧围绕生产实践，而数学等基础课的教学则应为专业基础课和专业课服务。专业基础课和专业课需要什么实用性的数学知识，数学课就相应提供这些知识，并且具有很强的可操作性，而不是一堆"死知识"。专业课教学有实践环节，要求任课教师具有实践经验；数学课教学也应有实践内容，任课教师也应有基本的工程专业知识。这里所说的数学课实践内容，是指在工程技术领域经常、广泛使用的数学知识，即专业基础课和专业课直接应用到的数学知识，或者说如何用数学语言和数学模型来描述某些专业问题等内容。这些数学知识本身的理论内涵并不大，但其外延非常广泛，应用性很强，这需要在数学课堂上专门展现并加以训练，以便学生将来能灵活自如、顺理成章地运用数学知识解决一些实际工程技术问题，例如规划设计、施工建设、加工制造、服务管理等问题。因此，这就要求数学教师在教学内容上重点讲授与专业基础课和专业课联系最直接、最密切的理论知识点，尽可能多列举工程数学实例；在教学方法上运用理论讲授与工程实例分析相结合的方法（例如"案例驱动式"教学法）；在考核内容上增加实际应用、实例分析、数学模型建立等题型；在教师自身业务素质的提高上进一步学习与掌握一些基本的工程技术专业知识，真正承担起数学"基础"与工程"建筑"之间的"桥梁专家"作用。

3. 问卷调查部分专业所需数学知识一览表

信息工程各专业所需数学知识

序号	课程名称	涉及到数学的具体专业内容	所需数学知识
1	数据结构		矩阵、行列式的特点、微分方程、矩阵(二维数组)、排列和组合、指数和对数等
2	电路基础	三相电路、动态电路	三角函数、微积分、复数
3	信号编码		概率、微积分
4	电路基础与数字电路		微积分
5	管理学	最优化方法	极限、求导
6	JSP	设计3D小游戏	矩阵运算
7	数字信号处理	应用傅里叶变换进行频谱分析	傅里叶变换、傅里叶级数展开、狄利克雷收敛定理、微积分(包括多元)、数理统计
8	电路	电路的复频域响应	拉普拉斯变换
9	C语言	课后习题中要求编写程序解决数学问题	求阶乘、求累加和、牛顿迭代法、二分法、矩阵、定积分等
10	地理信息系统		矩阵、数组
11	程序设计	对数、函数、阶乘的意义和求解	对数、函数、阶乘
12	地图学	投影变换、图形处理	二元微积分、概率论、矩阵运算、解析几何

续表

序号	课程名称	涉及到数学的具体专业内容	所需数学知识
13	C#	算法分析、程序涉及	二元微积分、概率论、矩阵运算、解析几何
14	自动控制		拉普拉斯变换

经济管理各专业所需数学知识

序号	课程名称	对课程的要求与建议
1	管理会计	做产品最优化决策时，用线性规划； 求经济订货批量计算，求极值，用导数知识； 求期望，偏概率运算，用概率知识； 做以需求为基础的定价决策，用到边际分析法
2	财务管理	求风险系数——β系数； 求经济订货批量计算，求极值，用导数知识
3	统计学概率	回归方程分析： $$y_c = a + bx$$ 抽样推断：运用概率分布，正态分布图分析平均指标的推断； 抽样方法：运用排列组合，说明重复抽样与不重复抽样形成的样本个数不同。如不重复样本数为 $$c_N^n = \frac{N!}{(N-n)!}$$
4	西方经济学	需求的价格弹性，用到导数知识； 边际产量，总产量和平均产量的关系，用到导数； 消费者剩余问题，用定积分
5	西方经济学	在极限中利用极限求金融系统的复利问题，利用公式求 t 年后的本利和： $$A_t = A_0\left(1 + \frac{r}{m}\right)^{mt}$$ 微分方程在经济中应用求市场均衡问题

机电工程各专业所需数学知识

序号	课程名称	课程中用到的主要数学知识及教学建议
1	液压与气压传动技术	微积分
2	电路基础	微积分、常用微分方程、拉氏变换、线性代数中的行列式、矩阵及其运算，线性方程组的解
3	电工学	微积分、二重积分 建议：在讲解微积分计算的同时，把微积分表示的含义与实际问题结合做进一步的说明
4	工程力学	积分求和、求极值、向量代数和空间解析几何
5	自控原理	微分方程、傅里叶变换、拉氏变换、矩阵运算
6	电工电子技术	导数的基本知识、微分和积分的基本知识、常用函数(三角函数、指数函数)的积分、微分公式、向量、复数及向量图的表示方法
7	数字电路	傅里叶级数
8	数控机床	数值计算
9	电机	微积分、级数、向量运算
10	单片机	微积分、二重积分

水利工程各专业所需数学知识

教学内容	应用知识	应用专业领域	应用举例
一元函数微分学	函数的最大值和最小值	工程力学	研究梁的抗弯截面模量
		水力学	确定渠道水力最佳断面
		水利工程施工	计算爆破施工炸药包的埋深
	曲线的曲率	水工建筑物灌溉排水技术	设计渠道的弯道曲线

续表

教学内容	应用知识	应用专业领域	应用举例
一元函数积分学	积分法原理	工程力学	求解静定梁的挠度和转角；求解荷载作用下结构位移
	定积分中值定理	工程水文学	计算河床的平均深度
	定积分的近似计算	灌溉排水技术	近似计算渠道、河床的过水断面面积
	微元法	水力学水工建筑物	计算闸门的静水压力
常微分方程	可分离变量的微分方程	水力学	研究小孔口自由出流的规律
		水利工程管理	研究水污染防治问题
线性代数	矩阵和线性方程组	工程力学	求解超静定梁结构的内力
概率论与数理统计	概率与数理统计	工程水文学	进行工程水文统计
		水利工程施工工程建设监理	施工质量管理
数理统计	回归分析与相关分析最小二乘法	水利工程管理	分析土石坝坝基或绕坝渗流的测压管水位与库水位的关系；分析土石坝沉陷过程线和预报沉陷过程
		工程造价与招投标	进行市场经营预测

4. 数学走进专业的思考

根据新时代高职教育发展目标和专业课程人才培养方案，高等数学课程教学内容改革的趋势是进一步突出数学知识的"应用性"和"实用性"。高职院校培养的人才是应用型、创新型人才。学生毕业后直接面向生产第一线，从事规划设计、施工建设、加工制造、服务管理等工作，要求学生必须具有扎实的专业知识和职业能力。而高等数学作为各专业必修的一门公共基础课程，必须为专业基础课和专业课服务，专业课需要什么实用性的数学知识，数学课就要提供这些知识。为此，数学课教学内容的进一步改革，必须坚持"数学与专业结合""掌握概念，强化应用，培养技能"的原则，运用"模块案例一体化"的教学思想和"案例驱动式"的教学方法，加大改革力度，加快改革步伐。① 在不失教学内容科学性与系统性的前提下，不片面追求理论体系的完整性和严密性，尽力以数据、图像、实例直观地讲解数学基本概念、思想和方法等。② 教学内容力图以实例列出问题，用分析、解决问题的思路为引线，进行数学基本概念、理论、方法、应用等内容的介绍与阐述。③ 对数学基本知识应重点阐明其实质意义、来源背景、作法步骤及应用去向。④ 突出数学知识的实际应用，密切联系专业，尽力采用工程、建筑、机电、管理类专业知识，讲解应用实例，努力实现数学知识模块与工程技术案例的融合，缩短数学课与专业知识间的距离。⑤ 弱化、删除一些复杂的数学定理、性质的证明过程，凸显数学"基本概念、基本思想、基本方法"，以及在专业课中应用的内容与实例；简化、删除一些理论性强、内容复杂的计算内容，代之以工程技术案例分析，并增加大量的"应用实训"练习题，努力实现"将数学知识专业化和将专业知识数学化"。⑥ 在教学内容的处理上力创新意，把现代计算工具计算机运用到数学中来，介绍功能强大的数学软件（如 Mathematica、Matlab 等）知识的实际应用，把复杂的计算问题运用计算机来快速实现。⑦ 教学内容力求浅出深入、形象思维，注意培养学生的抽象思维、逻辑推理、观察综合、应用计算以及分析、解决问题的素质和能力。

五、课程建设

1. 精品资源共享课程

应该深入贯彻落实《国家中长期教育改革和发展规划纲要》（2010—2020 年），以立德树人为根本，以提高人才培养质量为核心，遵循职业教育教学规律，通过信息化技术逐步形成职业教育优质课程教学资源共建共享体系，加快职业教育课程建设和教学改革，服务学生自主学习、辅助教师教学。

开展精品资源共享课程建设是运用现代信息技术加快推进我国职业教育教学改革的重要举措，对提升教师的教学能力、创新教学方式方法、提高人才培养质量，具有十分重要的意义。开展精品资源共享课程建设，能够有效整合近年来建设的国家、省级和校级的精品课程，实现优质教育资源的应用与共享，促进我国职业教育教学改革。

（1）课程设计

建立优质碎片化资源，实现数学课程的再改革。坚持数学课程的知识、能力、素质要求设计课程结构和内容；遵循学生职业能力培养的基本规律，设计教学空间和课程模块，整合、序化教学内容。强化信息化教学设计和教学实施，充分、合理运用信息技术、数字资源和信息化教学环境，系统优化教学过程。课程设计是开放的，设立"问题探究"、"数学建模"、"数学阅读"、"数学活动"等专题课程，以"合作学习"为总原则，开展项目学习法、探究性学习、研究性学习、自学辅导等教学改革，建立数学课程学习网络，提供"在线测试"、"在线答疑"等丰富、互动的网络学习资源，努力实现任何时间、任何地点、任何学生都能自主学习的"3A"（Anytime、Anywhere、Anyone）教学模式，最大限度地满足不同学生的个性学习需求，为学生提供

"提出问题、探索思考和实践应用"的空间，有利于学生形成积极主动的学习方式。

课程的定位是：首先，为专业课程的学习奠基；其次，促进学生文化素养的提升；最后提高学生持续发展的能力。

数学课程以学生的认知驱动、能力驱动、发展驱动为出发点，以先进的高职教育思想观念为指南，以培养应用型、创造型的高素质高职人才为目标，树立学生"用数学知识思考、解决实际问题"的自信心，养成"善于用数学知识服务学习、生活"的良好习惯。

（2）资源内容

按照"颗粒化资源、系统化设计、结构化课程"的组织建构逻辑，强化精品资源课程共享应用的功能与制度设计。资源是精品资源共享课程的基础，课程资源要尽可能设计成最小学习素材，颗粒化存储，以便于用户检索和根据不同学习需求组建课程；利用各种媒体技术，深度开发建设具有自主知识产权、以学习者为中心的必要数字资源，应包括素材、积件、模块等不同层次，具有文本类、图形（图像）类、音频类、视频类、动画类和虚拟仿真类等不同类型素材。课程是精品资源共享课的根本，要为用户提供完整的结构化课程设计、课程内容，且经过系统化设计，能针对不同用户提供个性化服务。

基本资源：基本资源是课程教学实施的支撑性网络资源，为教师教学和学生学习提供系统、完整的教学资源保障，能与实际教学条件相结合，支撑教学活动，须覆盖课程所有基本知识点和岗位基本技能点。其内容应包含课程简介、课程标准、实训指导书、教材选用、教学日历、教案、课件、习题、答疑等；应呈现出系统化的课程设计思路的课程特征、信息化的教学设计的教学实施过程，表现形式应包括但不限于：文本、图形图像、动画、视频、PPT、虚拟仿真等，以及各种教学设备、仪器。

拓展资源：应根据不同学习者的个性化需求，有针对性地开发建设拓展资源，增强资源建设的普适性。其内容应包括面向学生的自学、培训、进修、检索、科普、交流等内容，体现数学课程的特点，如素材库、培训包等。资源应力求丰富多样，在数量和类型上超出课程所调用的资源范围，以方便教师灵活搭建课程模块和学生自主拓展学习。

各高职院校应该建设本单位的网络教学平台，以支持师生互动及学生自主学习，并实现课程资源的共享。

教学内容采用模块化设计，使课程具有多样性与选择性，根据多元智能理论，承认学生的个体差异，让不同的学生进行不同的选择，使得不同需求的学生在数学上可以得到不同的发展。必修模块分为基础知识与专业知识。其中，基础知识主要包括一元函数微积分，安排在第一学期；专业知识则是针对学生所学专业进行岗位调研，确定的教学必修内容。例如：针对水利工程专业进行岗位调研，确定教学了教学内容。

职业岗位(群)所需的主要专业知识与能力、数学知识与能力如下表所示：

岗位群	所需专业知识与能力	所需数学知识与能力
工作勘测设计	① 具有勘测地形、地质、地貌的知识与技能； ② 具有工程测量和施工放样的知识与技能； ③ 具有计算机绘图和阅读工程图的知识与技能； ④ 具有结构简化、受力分析、荷载计算和配筋的知识和分析能力； ⑤ 具有小型水利工程的设计能力等	具有函数、极限、微分、积分、常微分方程、空间解析几何、矩阵、概率等数学分析和计算能力
工程施工、组织与管理	① 具有编写施工方案的能力； ② 具有分析和解决水利工程一线施工技术问题、组织施工的能力； ③ 具有施工组织设计和现场管理的能力等	具有空间解析几何、矩阵、概率等数学分析和计算能力

续表

岗位群	所需专业知识与能力	所需数学知识与能力
工程水文	① 具有河流测流、水文统计及计算能力； ② 具有工程水力设计和计算的能力等	具有函数、微积分、常微分方程、概率统计等数学分析和计算能力
工程概预算与招投标	① 具有编制工程造价和编制投标书的能力； ② 具有工程造价预测和工程招投标的能力等	具有微分、矩阵、概率等数学分析和计算能力
工程监理	① 具有检查承包单位投入工程项目的人力、材料、主要设备及其使用、运行状况，并做好检查记录的能力； ② 具有复核或从施工现场直接获取工程计量的有关数据并签署原始凭证的能力； ③ 具有按设计图纸及有关标准，对承包单位的工艺过程或施工工序进行检查和记录，并对加工制作及工序施工质量检查结果进行记录的能力等	具有函数、空间解析几何、矩阵等数学知识
工程管理	① 具有工程检查观测、养护维修的知识与技能； ② 具有防汛抢险的知识与技能； ③ 具有数据分析、处理的能力等	具有函数、微积分、常微分方程、概率统计等数学分析和计算能力
灌溉与排水	具有灌排工程技术、施工与管理的能力	具有函数、微分、概率等数学分析和计算能力

选修模块分为数学文化、数学建模、强化与提高、工程数学。其中，数学文化面向所有专业，根据学生自己的兴趣爱好，自主选择，意在拓宽知识视野，培养人文素养。数学建模主要面向理工科各专业，根据学生自己的兴趣爱好，自主选择，意在提高学生分析与解决问题的能力。强化与提高是针对学生专升本、参加各类竞赛的集中辅导形式。工程数学则是针对部分理工科专业，根据学生自己的个性发

展需求，自主选择，意在提高学生在工程中的分析与解决问题的能力。

（3）课程建设目标

牢固树立"精品、共享"理念，以提高人才培养质量为核心，遵循职业教育教学规律，以高职院校广大师生和社会学习者为基本服务对象，实施"颗粒化资源、系统化设计、结构化课程"的建设方案，建设以学习者为中心，"好用、实用"的"一站式"数学课程资源，努力打造"应用特色鲜明""全国任何高职院校""任何时间""任何地点""任何知识基础的高职生"都能无障碍、轻松地"自助"学习资源平台。具体目标如下：

首先，深入学习高职教育理论、文献，树立科学、先进的高职院校数学课程理念，积极探索现代网络条件下的创新教学模式和教学方法，"共享"更多创新、优质资源，力争实现网上教学平台立体化，声像图俱全，并实现教学社会化，让更多优质资源被更多学习者共享。

其次，立足于高职院校数学课程的应用特色，着力体现数学在不同专业及日常工作及生活中的重要应用，使数学真正称得上"应用"数学。针对专业大类，让数学"走进"专业，分专业充实专业案例。

再次，树立数学课程为学习者持续发展奠基的思想，注重培养学习者提出问题、分析问题、解决问题的能力，培养他们的人文素养。

最后，体现与时俱进的学习模式：课程资源的建设与课程改革紧密结合起来，不断充实课程改革的成果。及时体现新内容、新思想、新方法。

2. 名师工作室

国务院在"职教20条"中，对深化职业教育改革作出重要部署，提出要分专业建设一批国家级职业教师教学创新团队。名师工作室建设是促进资源共享、协同研修、全员提升，培养造就一批教学名师、推动教育教学改革，促进课程建设、提高教学质量又一主要措施。

充分发挥名师的传帮带作用，以名师为引领，深入开展学习、交流、研究、合作，增强人才培养、科技研发、社会服务能力和水平，形成结构合理、梯队有序、理论知识扎实、技术技能过硬的优秀教师团队，培养造就一批全省乃至全国职业教育的"教练型"教学名师、专业带头人、技能大师和专业技能创新示范团队。

（1）名师工作室的建设思路

首先，建立工作室建设和管理制度，制定工作室周期建设规划和年度工作计划以及名师工作室成员各自的研修计划，建立名师工作室长效运作机制。

其次，确立"课堂教学出精品、课题研究出成果、骨干培养出经验"的名师工作室指导思想，本着"名师引领、教研结合、实践创新"的工作原则。

最后，立足名师工作室之"名"，打造"五名工作室"。一名是"名思想"。工作室成员不只是课堂教学的实践者，更是教育理论的思考者。工作室成员要有先进的教育教学思想、独特的教育教学风格与卓越的职业品质，形成工作室的"名思想"。二名是"名课"。这里的名课既包含拿得出手的优质课、公开课、培训课，也包括省级以上的精品课程、在线开放课程与精品资源共享课程。三名是"名徒"。名师工作室担负着青年教师培养的重任，工作室要发挥示范、引领作用，锤炼青年教师专业基本功，锤炼出工作室的名徒，使青年教师从凡师一步步走向名师。四名是"名言"。这里的名言既包含工作室的代表性思想、科研成果集结而成的专著，也包括工作室公开发表的学术论文，还包括工作室精心提炼出的富有教育智慧的专业名言、睿语。五名是"名声"。工作室既要"名"又"誉"，通过工作室成员娴熟的教学技能、优良的师德品行，打造工作室的人格魅力，产生良好的社会影响力，树立工作室的"好名声"。

（2）高职院校数学名师工作室的建设内容

高职院校数学名师工作室旨在加强高职院校数学教师的培养和数学教学改革，进而提高高职院校数学教育教学质量，对高职院校数学课程建设和数学教师的成长起到示范与引领的作用。

首先，青年教师的培养。名师工作室担负着青年教师培养的重任，担负着将优秀教师培养为名师的重任。工作室专注于课堂教学研究，努力为青年教师搭建展示个性的平台。工作室千方百计通过自主研修、专家引领、同伴合作、练课磨课、课题研究、积累反思、网络教研等渠道磨炼青年教师的成长。同时，鼓励并努力为青年教师创造机会参加相关教学培训和进修；有计划地组织、带领青年教师进行备课、听课、讲公开课；鼓励青年教师参加各类教学竞赛，不断提高他们的教学水平和综合业务素养。充分发挥名师的引领、示范作用，锤炼青年教师专业基本功，使青年教师从凡师一步步走向名师。

其次，工作室充分发挥"引领、传承、创新、共享"等功能，以名师工作室建设为载体，搭建集教学科研、人才培养、成果辐射等职能于一体的教师发展平台，推动高职院校间数学教师协同成长，培养具有深厚的数学知识背景、能够熟练应用职教理论不断进行改革创新的数学教学科研人才，着力打造一支师德高尚、创新能力突出、教学风格独特、社会影响广泛的优秀骨干教师梯队，形成教师发展共同体。通过邀请专家来工作室交流、名师示范等形式，有计划、有步骤地对工作室成员进行全面的现代职教理论、课程理论和现代教育技术培训，努力提高工作室成员的教育理论素养和应用现代教育技术教学的能力，深化信息化教学手段的改革，不断提高教师的教学能力，促进工作室教师队伍素质的整体提升，进而提高数学教育教学质量。

再次，开展教研科研活动。以课题研究、学术研讨、理论学习、名师论坛等形式提高工作室成员的科研能力与专业理论水平。坚持问题导向，围绕数学教育教学改革与人才培养中的重点和难点问题，开展教育教学研究，在教育思想、内容、方法等方面取得创造性成果，并广泛应用于教学过程，不断提高人才培养质量，推动名师工作室整体教研科研水平不断提高。

最后，在工作室依托的省级精品课程与省级精品资源共享课程的基础上，着力制作一批高质量的微课、微视频、动画、教学案例库，并由此推出系列优质课、公开课、培训课，推进高职院校数学课程建设。

3. 大数据时代视角下的高职院校数学课程建设

（1）大数据时代的教育发展

2012 年联合国发布的大数据白皮书《大数据促发展：挑战与机遇》指出，大数据时代已经到来，各行各业都产生了大规模多样化的数据信息，大数据的出现将会对社会的各个领域产生深远的影响。2013 年被称为中国大数据元年，社会各行各业开始密切关注大数据的研究和应用。

高校是国家培养人才的主要途径之一，培养什么样的人、如何培养人以及为谁培养人，是我国高等教育的根本问题。为培养适应企业需要的大数据人才，国内许多高校迅速整合本校的软硬件资源、设置相关专业、改革人才培养模式，培养与人才需求市场接轨的应用型人才。2014 年 4 月清华大学成立了数据科学研究院，推出了多学科交叉培养大数据硕士项目；2014 年 6 月中国科学院大学开设了第一个"大数据技术与应用"专业；2015 年 9 月国务院印发的关于促进大数据发展行动纲要的通知指出：要创新人才培养模式，建立健全多层次、多类型的大数据人才培养体系，鼓励高校设立数据科学和数据工程相关专业，重点培养专业化数据工程师等大数据专业人才，鼓励高等院校、职业院校和企业合作，加强职业技能人才实践培养，积极培育大数据技术和应用创新型人才；2015 年 10 月复旦大学成立了大数据学院；2016 年 3 月，教育部官网公布了 2015 年度普通高等学校本科专业备案和审批结果，北大等高校新增大数据技术专业；2016 年 9 月教育部研究决定，正式批准"高职-大数据技术与应用专业"作为《普通高等学校高等职业教育（专科）专业目录 2016 年增补专业》，高职院校的人才培养在大数据时代正在发生重大变化。

（2）大数据时代的高职院校数学课程

大数据时代高职院校培养的高职生应该具备采集本专业相关行业大数据信息的能力，并且通过数据处理技术对大数据进行分析、统计，进而从中获取数据价值的能力。为此，大数据时代高职院校人才培养需要扎实的数学、统计和计算机学科相关知识。

数学是高职院校理工科各专业的工具课程，又是素质教育中满足高职生作为合格的自然人和职业人发展需求的通识课程。因此，数学课程迎合学生所学专业以及相关行业发展需求是非常重要的，不能仅仅局限于眼前的需求，更要放眼社会，注重当今时代的大数据特征，使数学课程为专业课程的学习服务落到实处，切实提高大数据时代高职生分析问题、解决问题的职业能力。

高职院校的数学课程建设着眼于大数据时代，凸显了高职院校的数学课程的职业应用价值，能够使高职生进一步明确学习高等数学的重要性、必要性与方向性，激发他们学习数学的热情，帮助他们逐步形成正确的数学学习态度，培养他们的数学应用意识，增强他们应用高等数学知识分析问题、解决问题的主动性，提高他们独立分析、解决专业问题的能力，并最终实现高职生的应用能力、创新能力的培养与素质结构的优化，促进他们职业能力的提高。

（3）对大数据时代视角下的高职院校数学课程建设的思考

大数据时代，社会发展日新月异，呼唤高职院校专业、课程的不断优化与创新。大数据时代视角下的高职院校数学课程建设，首先要探明大数据时代高职院校人才培养目标的新特点、新要求，探明大数据时代高职院校各专业数学课程的新要求，进而明确大数据时代高职院校各专业数学课程的知识、能力与素养要求，分析当前我国高职院校数学课程的知识、能力与素养要求与大数据时代高职院校数学课程的知识、能力与素养要求之间的差距，并随着专业培养目标的新变化，数学课程再制订新的课程标准。

大数据时代高职院校数学课程的改革，不仅需要各个高职院校进行相对独立的改革实践，更应该坚持"理论→实践→理论"过程，不断提高理论研究水平，形成开放性的、可以推广的实施范式。

参考文献

[1] 李坤花.高职院校中高等数学课程改革的设想[J].吉林省教育学院学报,2010(7):61-62.

[2] 王志强.拓展校企合作深度和广度以适应"转型"要求[J].中国培训,2014(8):22-23.

[3] 白宗新.技术教育课程设置原则[J].教育与职业,1992(1):17-18.

[4] 周洪宇.《职业教育法》修订重颁刻不容缓[J].教育与职业,2010(10):3.

[5] 杨宏林,丁占文,田立新.关于高等数学课程教学改革的几点设想[J].数学教育学报,2004(2):74-76.

[6] 张玉兰,赵红革.立足课堂教学转变学生学习方式[J].中学数学杂志,2005(9):20-22.

[7] 韩玉芬,费斯威.高职学生学习动力问题探究[J].中国高教研究,2006(3):56-57.

[8] 刘滨.高职学生学习策略特点的初步研究[J].心理科学,2010(1):247-249.

[9] 王秀红.高职学生课堂学习行为现状调查及教育对策研究[J].机械职业教育,2015(7):53-56.

[10] 余川祥.基于"1221"模式的高职数学课程的设计与探索[J].机械职业教育,2011(6):35-36.

[11] 刘洋,兰聪花,马炅.电子档案袋评价与传统教学评价的比较研究[J].电化教育研究,2012(2):75-77.

[12] 陈庆合,郭立昌,王静芳,等.高职院校学生智能结构特点与学习能力提高策略[J].中国职业技术教育,2013(35):95-97.

[13] 胥斌雁.《悉尼协议》指导下高职院校数学教学改革探析[J].职业教育,2017(10):193-194.

[14] 郑琼鸽,吕慈仙,唐正玲.《悉尼协议》毕业生素质及其对我国高职工程人才培养规格的启示[J].高等工程教育研究,2016(4):136-140.

[15] 彭兴顺.新课程与教师共成长[M].北京:中国人事出版社,2006.

[16] 顾惠明.《高等数学》课程的教学改革[J].机械职业教育,2010(2):56-57.

[17] 赵红革.高等数学[M].北京:北京交通大学出版社,2006.

[18] 赵红革.大学数学教与学[M].沈阳:东北大学出版社,2015.

[19] 龙听.《计算机应用基础》网络课程中的电子档案袋评价设计研究[D].重庆:西南大学,2009.

[20] 赵红革,孙春燕,贾敏.师生关系探究[M].青岛:中国海洋大学出版社,2017.

[21] 魏小瑜.高职院校人才培养目标探析[J].中国成人教育,2011(6):81-83.

[22] 靳艳芬.高职院校学生德育评价的创新探究[J].职业教育,2015(2):81-83.

[23]　傅海伦.数学教育发展概论[M].北京:科学出版社,2001.

[24]　岳西泉.高等数学五字诀[M].呼和浩特:内蒙古人民出版社,2006.

[25]　皮连生.教学设计[M].北京:高等教育出版社,2000.

[26]　胡胜生.应用数学基础(上、中、下册)[M].上海:华东师范大学出版社,2001.

[27]　王庆云,秦克.应用数学基础(上册)[M].北京:机械工业出版社,2004.

[28]　贾明斌,赵红革.经济应用数学[M].北京:北京大学出版社,2007.

[29]　李秉德.教学论[M].北京:人民教育出版社,2001.

[30]　段志欢.新课改理念下化学教学中师生关系探讨[D].武汉:华中师范大学,2012.

[31]　炼永文.学习动力现状调查及分析[D].天津:天津师范大学,2000.

[32]　同济大学应用数学系.高等数学(上、下册)[M].北京:高等教育出版社,2002.

[33]　曾文斗.应用数学基础[M].北京:高等教育出版社,2001.

[34]　徐春芬.高等数学习题集[M].北京:北京交通大学出版社,2009.

[35]　盛祥耀.高等数学(上、下册)[M].北京:高等教育出版社,2002.

[36]　冯翠莲.新编经济数学基础[M].北京:北京大学出版社,2005.

[37]　李强.高中新教材中函数概念教学思考[J].数学通报,2007(5):33-35.

[38]　盛光进.实用工程数学[M].北京:高等教育出版社,2011.

［39］ 王薇.在历史教学中如何体现和谐教育［D］.长春:东北师范大学,2008.

［40］ 侯风波.高等数学［M］.北京:高等教育出版社,2010.

［41］ 袁振国.当代教育学［M］.北京:教育科学出版社,2005.